油田企业岗位技能操作标准化培训教程

消防战斗员

刘文斌◎主编

中国石化出版社

图书在版编目（CIP）数据

消防战斗员／刘文斌主编．—北京：中国石化出版社，2021.5
油田企业岗位技能操作标准化培训教程
ISBN 978-7-5114-6279-4

Ⅰ．①消… Ⅱ．①刘… Ⅲ．①消防-技术培训-教材
Ⅳ．①TU998.1

中国版本图书馆 CIP 数据核字（2021）第 090571 号

中国石化出版社出版发行
地址：北京市东城区安定门外大街 58 号
邮编：100011　电话：(010)57512500
发行部电话：(010)57512575
http://www.sinopec-press.com
E-mail:press@sinopec.com
北京柏力行彩印有限公司印刷
全国各地新华书店经销
*
787×1092 毫米 16 开本 10.5 印张 253 千字
2021 年 6 月第 1 版　2021 年 6 月第 1 次印刷
定价：63.00 元

编　委　会

前　言

当前，中国石化西北油田分公司（以下简称“西北油田”）已迈入持续高质量发展的新征程。在改革发展的新起点、新征程上，人才是促进产业经济发展最重要的资源，因此要走好高质量发展之路，就必须对涵养好人才这一“源头活水”提出更高的要求。

为持续推进西北油田人才供给侧改革，全面实施人才强企工程和“3367”人才培养工程，本书为满足西北油田员工培训、职业技能鉴定、职业技能竞赛、验证式考核的实际需求，结合西北油田技能人才队伍建设规划，人力资源部及西北石油职业技能鉴定站以通用性、技术性、先进性、安全性、可操作性为原则，组织采油一厂、采油二厂、采油三厂、雅克拉采气厂编写了《油田企业岗位技能操作标准化培训教程》，对进一步提高技能操作人员专业知识和专业能力，打造一支适应新形式下油公司发展目标的技能人才队伍，不断提升技能人才能力素质，具有较强的现场实际操作性指导作用。

本书的编写以“国家石油石化行业职业资格标准”为依据，同时结合西北油田现场生产运行、装备技术更新等实际情况，与公开出版的《石油石化职业技能培训教程》保持一致。培训教程内容包含初级工、中级工、高级工各级别操作标准，既可以用于员工岗前技能培训，也可用于职业技能鉴定和自我技能水平提升。

本书在编写过程中得到了西北油田各级领导的关心关怀以及各单

位的大力支持和帮助，尤其是牛有林、左文珍、周鑫、章新、李生兵、牟原川、乔德魁、田种子、袁伟超、蔺文信、刘光明等同志提出了大量的指导建议。同时，也得到了许多关心和支持西北油田技能操作人才队伍建设和发展的同仁的鼓励和宝贵意见，有力地保证了本书的编撰，在此一并表示衷心的感谢！

由于编写人员水平有限，加之时间仓促，书中难免存在不妥之处，敬请广大读者批评指正。

目　　录

初　级　工

中　级　工

高　级　工

技　师

高 级 技 师

初级工

附表一　考核要素及技能要求(初级工)

考核范围	考核内容	考核比重	技能要求	备　注
消防准备	1. 原地着战斗服； 2. 穿戴隔热服	10%	能够识别防护装备种类、用途、使用规范，正确穿戴消防员基本防护装备	
基础操作	1. 佩戴正压式空气呼吸器； 2. 干粉灭火器操作； 3. 多功能水枪操作； 4. 单绳椅子扣救人结绳法； 5. 双平结结绳法； 6. 射水姿势	50%	1. 掌握正压式空气呼吸器构造、工作原理、操作前检查和维护保养，能够正确操作使用； 2. 掌握干粉灭火器构造、工作原理，正确识别、使用手提式灭火器和推车式灭火器； 3. 掌握多功能水枪结构，熟练运用流量调节和射流变换； 4. 能够熟练结绳，掌握结绳法的实际应用； 5. 能够操作使用直流水枪，完成立式、跪式、肩式、卧式四种射水方式； 6. 掌握直流水枪、多功能水枪构造、性能参数及用途	
过程操作	1. 一人一盘水带连接； 2. 原地攀登 6m 拉梯； 3. 徒手翻越消防板障	40%	1. 能够识别水带、分水器及供水线路附件，掌握水带、分水器、水枪连接方法； 2. 掌握 6m 拉梯性能、构造、操作前检查和维护保养，能够原地操作 6m 拉梯进行登高作业； 3. 掌握徒手翻越消防障碍的方法，能够正确操作	

一、原地着战斗服操作

1. 考核安全要求

(1) 必须穿戴个人防护用品。
(2) 选择符合要求的场地。
(3) 做好安全检查和自我防护交底。
(4) 人员和设备、器材符合安全要求。
(5) 爱护器材，严格按照操作规程操作。

2. 准备要求

工具、用具准备：

序　号	名　称	规　格	数　量	备　注
1	消防战斗服		1套	
2	消防战斗靴		1双	
3	消防头盔		1顶	
4	消防安全带		1条	

3. 操作程序说明

(1) 准备器材。
(2) 穿消防靴。
(3) 穿消防服下装。
(4) 戴消防头盔。
(5) 穿消防服上装。
(6) 扎安全带，立正喊“好”。

4. 考核规定说明

(1) 违章操作，停止考核。
(2) 考核采用百分制，考核项目得分按鉴定比重进行折算。
(3) 考核方式为实操考评。
(4) 本科目主要检验操作人员对原地着战斗服的熟练程度。

5. 考核时限

(1) 准备时间：1min(不计入考核时间)。

（2）操作时间：24s。

（3）提前完成不加分，超时停止操作。

6. 评分记录表

原地着战斗服操作评分记录

考评日期：　　　　考核人员：　　　　操作用时：

<table>
<tr><th>序号</th><th>考核内容</th><th>操作规程</th><th>评分要素</th><th>评分标准</th><th>配分</th><th>扣分</th><th>得分</th><th>备注</th></tr>
<tr><td>1</td><td>检查装备</td><td>在起点线前依次摆放战斗靴、下装上装，靴子套于下装内，头盔置于上装上，腰带与衣领平齐</td><td>准备工作</td><td>1. 战斗靴未套在下装内扣5分；
2. 摆放凌乱扣5分</td><td>10</td><td></td><td></td><td></td></tr>
<tr><td>2</td><td>穿靴下装</td><td>听到“开始”口令，脱下作训鞋，双脚依次穿好消防靴，双手分别抓住裤子两侧提于腰际，系好背带，粘合下装尼龙搭扣，扣裤扣</td><td>动作要领</td><td>1. 双脚未踏到靴底扣10分；
2. 双手未抓裤子两侧直接拉背带扣10分；
3. 粘合长度不足2/3，扣5分；
4. 裤扣未扣，扣5分</td><td>30</td><td></td><td></td><td></td></tr>
<tr><td>3</td><td>戴头盔</td><td>双手取头盔，一手托头盔顶部，一手抓帽带戴好头盔，将帽带调整合适</td><td>动作要领</td><td>1. 帽带未贴于下颌扣5分；
2. 头盔掉落扣5分；
3. 头盔戴反扣5分；
4. 帽带与下颚间距大于两指扣5分</td><td>20</td><td></td><td></td><td></td></tr>
<tr><td rowspan="3">4</td><td rowspan="3">穿上装
扎腰带</td><td rowspan="3">单膝跪地，迅速穿好战斗服上装，拉好拉链，粘合尼龙搭扣，扣好衣扣，扎好消防腰带，整理服装立正喊“好”</td><td rowspan="3">操作标准</td><td>1. 未单膝跪地扣5分；
2. 衣领不平整扣5分；
3. 衣襟未在安全带下扣5分；
4. 衣扣未扣好扣5分</td><td>20</td><td></td><td></td><td></td></tr>
<tr><td>拉链未拉、尼龙搭扣粘合长度不足2/3，该项不计成绩</td><td>10</td><td></td><td></td><td></td></tr>
<tr><td>1. 腰带扭圈360°扣5分；
2. 未立正喊“好”扣5分</td><td>10</td><td></td><td></td><td></td></tr>
<tr><td>5</td><td>安全文明操作</td><td colspan="2">按国家或企业颁发有关安全规定执行操作</td><td>每违反一项规定从总分中扣10分，严重违规取消考试资格</td><td></td><td></td><td></td><td></td></tr>
<tr><td>6</td><td>考核时限</td><td colspan="2">24s</td><td>超过24s本科目不计成绩</td><td></td><td></td><td></td><td></td></tr>
<tr><td colspan="5">合　计</td><td>100</td><td></td><td></td><td></td></tr>
</table>

考评员：　　　　记录员：　　　　复核人：

二、穿戴隔热服操作

1. 考核安全要求

（1）必须穿戴个人防护用品。
（2）选择符合要求的场地。
（3）做好安全检查和自我防护交底。
（4）人员和设备、器材符合安全要求。
（5）爱护器材，严格按照操作规程操作。

2. 准备要求

（1）个人防护用品与工具、器材准备：

序　号	名　称	规　格	数　量	备　注
1	消防训练垫		1个	
2	消防隔热服		1套	

（2）场地准备：
消防训练专用场地，场地平整。

3. 操作程序说明

（1）准备器材。
（2）穿裤子。
（3）穿靴子。
（4）穿上衣。
（5）戴头盔。
（6）戴头罩。
（7）卸装。

4. 考核规定说明

（1）违章操作，停止考核。
（2）考核采用百分制，考核项目得分按鉴定比重进行折算。
（3）考核方式为实操考评。
（4）本科目主要检验操作人员对消防隔热服穿着的熟练程度。

5. 考核时限

(1) 准备时间：2min(不计入考核时间)。
(2) 操作时间：50s。
(3) 提前完成不加分，超时停止操作。

6. 评分记录表

穿戴隔热服操作评分记录表

考评日期： 考核人员： 操作用时：

序号	考核内容	操作规程	评分要素	评分标准	配分	扣分	得分	备注
1	穿裤子	听到“开始”口令，脱掉作训鞋，双手分别抓住裤子两侧提于腰际，系好背带，扣牢裤扣	搭扣系带	1. 尼龙搭扣未扣或粘合长度不足2/3，该项不计成绩； 2. 未系好背带扣5分； 3. 裤扣未扣好扣5分	10			
2	穿靴子	穿好作训鞋，套好鞋套，扎紧系带、裤口	鞋套	未扎紧鞋套扣10分	10			
			裤口	未扎紧裤口扣10分	10			
3	穿上衣	穿好上装，拉好拉链，粘合尼龙搭扣，扣好衣扣	粘扣钩扣	1. 粘扣未扣或粘合长度不足2/3，该项不计成绩； 2. 未扣牢钩扣扣10分	10			
4	戴头盔、头罩	戴上头盔，帽带贴于下颌；戴上头罩，固定腋下固定带	头盔头罩	1. 帽带未贴于下颌扣5分； 2. 头盔未戴正扣5分； 3. 固定带未固定扣10分	20			
5	戴手套	戴上手套，手套套入袖口内，扎紧袖口，举手示意喊“好”	袖口	1. 未套好手套扣10分； 2. 未扎紧袖口扣10分； 3. 未举手示意扣10分	30			
6	卸装	听到“卸装”口令，按着装相反顺序依次卸下装具，立正站好	卸装	未依次卸装扣10分	10			
7	安全文明操作	按国家或企业颁发有关安全规定执行操作		每违反一项规定从总分中扣10分，严重违规取消考试资格				
8	考核时限	50s		操作超过50s本科目不计成绩				
合计					100			

考评员： 记录员： 复核人：

三、佩戴正压式空气呼吸器操作

1. 考核安全要求

(1) 必须穿戴个人防护用品。
(2) 选择符合要求的场地。
(3) 做好安全检查和自我防护交底。
(4) 人员和设备、器材符合安全要求。
(5) 爱护器材，严格按照操作规程操作。

2. 准备要求

(1) 个人防护用品与工具、器材准备：

序号	名称	规格	数量	备注
1	空气呼吸器	正压式	1具	
2	消防训练垫		1个	

(2) 场地准备：
消防训练专用场地，场地平整。

3. 操作程序说明

(1) 准备器材。
(2) 佩戴。

4. 考核规定说明

(1) 违章操作，停止考核。
(2) 考核采用百分制，考核项目得分按鉴定比重进行折算。
(3) 考核方式为实操考评。
(4) 本科目主要检验操作人员对空气呼吸器佩戴的熟练程度。

5. 考核时限

(1) 准备时间：30s(不计入考核时间)。
(2) 操作时间：25s。
(3) 提前完成不加分，超时停止操作。

6. 评分记录表

佩戴正压式空气呼吸器操作评分记录表

考评日期： 考核人员： 操作用时：

序号	考核内容	操作规程	评分要素	评分标准	配分	扣分	得分	备注
1	准备器材	关闭空气供给阀开关，连接好快速插头	关闭供给阀开关	1. 未关闭供给阀开关扣5分； 2. 未连接好快速插头扣5分	10			
		按逆时针方向旋转气瓶手轮，打开气瓶开关，查看气压表，关闭气瓶开关	检查气瓶压力	1. 未按逆时针方向旋转气瓶手轮扣2分； 2. 未报气瓶压力扣3分； 3. 未关闭气瓶开关扣3分； 4. 未检查报警装置扣2分	10			
		调整肩带、腰带和面罩系带至合适长度	调整系带	1. 未调整肩带至合适长度扣3分； 2. 未调整腰带至合适长度扣3分； 3. 未调整面罩系带至合适长度扣4分	10			
		打开供给阀开关释放余气，将供气阀开关关闭，空气呼吸器摆放整齐	释放余气	1. 未释放余气扣5分； 2. 未关闭供给阀开关扣3分； 3. 空气呼吸器摆放不整齐扣2分	10			
2	佩戴空气呼吸器	听到“开始”口令，左脚向前一步，右膝跪地，背好空气呼吸器	背空气呼吸器	1. 未右膝跪地扣5分； 2. 空气呼吸器背反气瓶开关向上扣5分	10			
		调整肩带，扣牢腰带	肩带、腰带调整	1. 未调整肩带扣5分； 2. 未扣牢腰带扣5分	10			
		按逆时针方向打开气瓶阀	打开气瓶阀	气瓶阀打开不足三圈扣10分	10			
		放松头盔带，将头盔推至颈后	调整头盔	1. 未放松头盔带扣5分； 2. 未将头盔推至颈后扣5分	10			
		拿起面罩，由下向上戴好，收紧系带	佩戴面罩	1. 面罩未按由下向上次序佩戴扣5分； 2. 未收紧系带扣5分	10			
		连接供给阀，呼吸正常后戴上头盔，系好盔带，立正举手	供给阀连接	1. 未连接好供给阀扣5分； 2. 未戴好头盔扣3分； 3. 未立正举手扣2分	10			
3	安全文明操作	按国家或企业颁发有关安全规定执行操作		每违反一项规定从总分中扣10分，严重违规取消考试资格				
4	考核时限	25s		超过25s本科目不计成绩				
合计					100			

考评员： 记录员： 复核人：

四、干粉灭火器操作

1. 考核安全要求

(1) 必须穿戴个人防护用品。
(2) 选择符合要求的场地。
(3) 做好安全检查和自我防护交底。
(4) 人员和设备、器材符合安全要求。
(5) 爱护器材，严格按照操作规程操作。

2. 准备要求

(1) 个人防护用品与工具、器材准备：

序 号	名 称	规 格	数 量	备 注
1	消防战斗服		1 套	
2	消防头盔		1 顶	
3	消防靴		1 双	
4	消防安全带		1 条	
5	消防手套		1 副	
6	油盆	长 2m、宽 2m、深 0.3m，沿口为 30mm	1 个	
7	干粉灭火器	8kg	2 具	

(2) 场地准备：

在长 50m、宽 2.5m 的跑道上，标出起点线、终点线。起点线前 35m 处标出喷射线 40~42m 为燃烧区，燃烧区内放置一个油盆，50m 处标出终点线。

3. 操作程序说明

(1) 携带灭火器跑至喷射线。
(2) 操作灭火器向油盆喷射干粉。
(3) 携带灭火器冲出终点线喊“好”。

4. 考核规定说明

(1) 违章操作，停止考核。
(2) 考核采用百分制，考核项目得分按鉴定比重进行折算。
(3) 考核方式为实操考评。

（4）本科目主要检验操作人员对干粉灭火器操作熟练程度。

5. 考核时限

（1）准备时间：1min（不计入考核时间）。
（2）操作时间：50s。
（3）提前完成不加分，超时停止操作。

6. 评分记录表

干粉灭火器操作评分记录表

考评日期： 考核人员： 操作用时：

序号	考核内容	操作规程	评分要素	评分标准	配分	扣分	得分	备注
1	准备工作	听到"准备器材"口令，携带灭火器至起点线检查灭火器立正	检查器材	1. 未报灭火器"压力正常"扣5分； 2. 未检查灭火器喷管扣5分； 3. 未立正站好扣5分	15			
2	携带灭火器跑至喷射线	听到"开始"口令，提起灭火器拔下保险销，跑至35m处，跑动中灭火器不得触地，灭火器底部不得正对人体	操作规程安全事项	未拔出保险销扣10分	10			
				灭火器触地一次扣5分	10			
				灭火器底部对着身体扣10分	10			
3	灭油盆火	站在上风或侧上风方向，右手握住开启压把，左手握住喷管，用力压下开启压把，对准油盆内壁左右扫射，使火焰完全熄灭，灭火中应拉下头盔面罩，操作中必须戴消防手套	灭火方式安全防护	1. 未在上风或侧上风方向扣10分； 2. 未握住开启压把扣5分； 3. 未握住喷枪扣5分	20			
				1. 未压下开启压把出粉扣5分； 2. 未拉下头盔面罩扣5分； 3. 未戴消防手套操作扣5分	15			
4	携带灭火器到达终点线	灭火完成后，绕油盆一圈，检查有无复燃，携带灭火器到达终点喊"好"	检查确认到达终点	未绕一圈检查确认扣10分	10			
				未携带灭火器到达终点线扣10分	10			
5	安全文明操作	按国家或企业颁发有关安全规定执行操作		每违反一项规定从总分中扣10分，严重违规取消考试资格				
6	考核时限	50s		超过50s本科目不计成绩				
合计					100			

考评员： 记录员： 复核人：

五、多功能水枪操作

1. 考核安全要求

（1）必须穿戴个人防护用品。
（2）选择符合要求的场地。
（3）做好安全检查和自我防护交底。
（4）人员和设备、器材符合安全要求。
（5）爱护器材，严格按照操作规程操作。

2. 准备要求

（1）个人防护用品与工具、器材准备：

序　号	名　称	规　格	数　量	备　注
1	消防水带	65mm	1盘	
2	消防多功能水枪		1把	
3	消防战斗服		1套	
4	消防安全带		1条	
5	消防头盔		1顶	
6	水罐消防车		1辆	

（2）场地准备：
消防训练专用场地，在起点线前15m处标出射水线，场地平整，有射水区。

3. 操作程序说明

（1）准备器材。
（2）铺设供水线路。
（3）连接水枪，冲出终点线。
（4）成立射姿势。
（5）变换射流形状。

4. 考核规定说明

（1）违章操作，停止考核。
（2）考核采用百分制，考核项目得分按鉴定比重进行折算。
（3）考核方式为实操考评。

(4) 本科目主要检验操作人员对多功能水枪操作的熟练程度。

5. 考核时限

(1) 准备时间：1min（不计入考核时间）。
(2) 操作时间：1min。
(3) 提前完成不加分，超时停止操作。

6. 评分记录表

多功能水枪操作评分记录表

考评日期：　　　　考核人员：　　　　操作用时：

序号	考核内容	操作规程	评分要素	评分标准	配分	扣分	得分	备注
1	准备器材	听到“准备器材”的口令，检查器材，在起点线立正	器材准备	1. 少选器材扣5分； 2. 漏选器材扣5分	10			
2	铺设供水线路	听到“开始”口令，进行水带连接，铺设水带线路	接口连接	接口脱扣或卡扣该项不计取成绩	10			
			水带铺设	水带扭圈360°扣10分	10			
3	成立射姿势	连接多功能水枪，到达终点线，右脚后退一步，成弓步，上体稍向前倾，左手握住水枪握柄，成立射姿势	冲出终点线	未冲出终点线扣10分	10			
			射水姿势	右脚未后退一步扣10分	10			
				未成弓步扣10分	10			
				上体未稍向前倾扣10分	10			
				左手未握住水枪握柄扣10分	10			
4	调节流量	右手打开流量调节开关，按要求调节流量大小	流量调节	未按要求调节流量扣10分	10			
5	变换射流形状	右手旋转流态调节器，按要求调节射流形状	射流形状调节	射流形状未调节扣10分	10			
6	安全文明操作	按国家或企业颁发有关安全规定执行操作		每违反一项规定从总分中扣10分，严重违规取消考试资格				
7	考核时限	1min		超过1min本科目不计成绩				
合计					100			

考评员：　　　　记录员：　　　　复核人：

六、单绳椅子扣救人结绳法操作

1. 考核安全要求

(1) 必须穿戴个人防护用品。
(2) 选择符合要求的场地。
(3) 做好安全检查和自我防护交底。
(4) 人员和设备、器材符合安全要求。
(5) 爱护器材，严格按照操作规程操作。

2. 准备要求

(1) 个人防护用品与工具、器材准备：

序 号	名 称	规 格	数 量	备 注
1	安全绳	长 25m	2 根	
2	结绳法训练装置	套	1 套	

(2) 场地准备
消防训练专用场地，场地平整无干扰。

3. 操作程序说明

(1) 准备工作。
(2) 单绳椅子扣。

4. 考核规定说明

(1) 违章操作，停止考核。
(2) 考核采用百分制，考核项目得分按鉴定比重进行折算。
(3) 考核方式为实操考评。
(4) 本科目主要检验操作人员对单绳椅子扣救人结绳法掌握的熟练程度。

5. 考核时限

(1) 准备时间：10s(不计入考核时间)。
(2) 操作时间：15s。
(3) 提前完成不加分，超时停止操作。

6. 评分记录表

单人椅子扣救人结绳法操作评分记录表

考评日期： 考核人员： 操作用时：

序号	考核内容	操作规程	评分要素	评分标准	配分	扣分	得分	备注
1	准备工作	听到“准备器材”口令，整理绳索，在起点线立正	器材准备	少一件扣2分	2			
2	单绳椅子扣	听到“开始”口令，将安全绳一端弯折成两股；左手持绳索两端；右手由下穿入另一头绳环中；张开虎口抓住绳索；做成双层绳环；左手拿着双层绳环交叉处；右手抓住左手做的双股绳；由双层绳环外伸入绳环中；双手拉紧调整绳套大小	绳结制作	未折成两股扣5分	10			
				1. 左手未持绳索两端扣9分； 2. 右手持绳索两端扣1分	10			
				未由下穿入扣10分	10			
				未抓住绳索扣10分	10			
				未做成双层绳环扣8分	8			
				1. 未拿着双层绳环交叉处扣5分； 2. 右手拿着双层绳环交叉处扣5分	10			
				未抓住双股绳扣10分	10			
				未由双层绳环外伸入扣10分	10			
				双手未拉紧扣10分	10			
				未调整绳套大小扣10分	10			
3	安全文明操作	按国家或企业颁发有关安全规定执行操作		每违反一项规定从总分中扣10分，严重违规取消考试资格				
4	考核时限	15s		超过15s本科目不计成绩				
合计					100			

考评员： 记录员： 复核人：

七、双平结结绳法操作

1. 考核安全要求

(1) 必须穿戴个人防护用品。
(2) 选择符合要求的场地。
(3) 做好安全检查和自我防护交底。
(4) 人员和设备、器材符合安全要求。
(5) 爱护器材，严格按照操作规程操作。

2. 准备要求

(1) 个人防护用品与工具、器材准备

序　号	名　称	规　格	数　量	备　注
1	安全绳	长 25m	2 根	
2	结绳法训练装置	套	1 套	

(2) 场地准备：
消防训练专用场地，场地平整无干扰。

3. 操作程序说明

(1) 准备工作。
(2) 双平结结绳法。

4. 考核规定说明

(1) 违章操作，停止考核。
(2) 考核采用百分制，考核项目得分按鉴定比重进行折算。
(3) 考核方式为实操考评。
(4) 本科目主要检验操作人员对双平结结绳法操作的熟练程度。

5. 考核时限

(1) 准备时间：10s(不计入考核时间)。
(2) 操作时间：15s。
(3) 提前完成不加分，超时停止操作。

6. 评分记录表

双平结结绳法操作评分记录表

考评日期：　　　　考核人员：　　　　操作用时：

序号	考核内容	操作规程	评分要素	评分标准	配分	扣分	得分	备注
1	准备工作	听到“准备器材”口令，整理绳索，立正	器材准备	少一件扣10分	10			
2	双平结结绳法	听到“开始”口令，两手抓握绳索两端，绳头留出约20cm	结绳操作	1. 未抓握绳索两端扣10分； 2. 绳头长度不足20cm扣10分	20			
		两手交叉，用左手绳索压右手绳索，左手绳头绕右绳一圈		左手绳头未绕右绳一圈扣10分	10			
		两手抓握绳索两端，用右绳索压左手绳索，右手绳头绕左绳一圈，收紧绳结		1. 右手绳头未绕左绳一圈扣10分； 2. 未收紧绳结扣10分	20			
		分别用绳头在绳索两端打半结加固		未打半结加固扣10分	10			
		立正喊“好”		未立正喊“好”扣10分	10			
3	操作结束	听到“收操”口令，收起绳索放回原处，成立正姿势	收操	1. 未将绳索放回原处的扣10分； 2. 未成立正姿势扣10分	20			
4	安全文明生产	按国家或企业颁发的有关安全规定执行操作		每违反一项从总分中扣除10分，严重违反者取消考试资格				
5	考试时限	15s		超过15s该科目不计取成绩				
合　计					100			

考评员：　　　　记录员：　　　　复核人：

八、射水姿势

1. 考核安全要求

（1）必须穿戴个人防护用品。
（2）选择符合要求的场地。
（3）做好安全检查和自我防护交底。
（4）人员和设备、器材符合安全要求。
（5）爱护器材，严格按照操作规程操作。

2. 准备要求

个人防护用品与工具、器材准备：

序　号	名　称	规　格	数　量	备　注
1	水枪	ϕ19mm	2 把	
2	水带	长 20m，ϕ65mm	2 条	
3	消防头盔		1 顶	
4	消防腰带		1 条	
5	分水器		1 只	

3. 操作程序说明

（1）准备工作。
（2）立射。
（3）跪射。
（4）肩射。

4. 考试规定说明

（1）违章操作，停止考核。
（2）考核采用百分制，考核项目得分按鉴定比重进行折算。
（3）考核方式为实操考评。
（4）本科目主要检验操作人员对射水姿势的熟练程度。

5. 考试时限

（1）准备工作：1min（不计入考核时间）。

（2）操作时间：24s。

（3）提前完成不加分，超时停止操作。

6. 评分记录表

射水姿势评分记录表

考评日期：　　　　　　　　考核人员：　　　　　　　　操作用时：

序号	考核内容	操作规程	评分要素	评分标准	配分	扣分	得分	备注
1	准备器材	选择工具器材，铺设水带，连接水枪	基础操作	1. 选错1件扣2分； 2. 未铺设水带扣5分； 3. 未连接水枪扣3分	10			
2	立射姿势	听到“持枪”口令右手拿起水枪，枪口朝上，成立正姿势；听到“立射”口令，右脚后退一步，成弓箭步，上体稍向前倾；左手握水枪前部，右手扶水带并靠于右胯，目视前方；听到“停射”的口令，收回右脚，持枪站好	持枪立射停射	1. 左手拿起水枪扣2分； 2. 枪口未朝上扣5分； 3. 未立正站好扣3分	10			
				1. 右脚未退后一步扣2分； 2. 未成弓箭步扣6分； 3. 上体未向前倾扣2分	10			
				1. 左手未握住水枪前部扣2分； 2. 右手未握住水带并靠于右胯扣2分； 3. 未目视前方扣1分	5			
				1. 停射时未收回右脚扣3分； 2. 未持枪站好扣2分	5			
3	跪射姿势	听到“跪射”的口令，右脚后退一步跪地，脚尖蹬地，左腿弓成90°，左小臂放左大腿上，左手持枪，右手扶水带，枪口朝前；听到“停射”口令，起立，收回右脚，右手持枪站好	跪射	1. 右脚未后退一步扣2分； 2. 未跪地扣3分； 3. 脚尖未蹬地扣2分； 4. 左腿未弓成90°扣3分	10			
				1. 左小臂未放在左大腿上扣3分； 2. 右手拿水枪扣2分	5			
				1. 未起立扣3分； 2. 未收回右脚扣3分； 3. 未持枪站好4分	10			
4	卧姿射水	听到“卧姿”口令，右脚向后，双手撑地，左脚后撤，卧与地面，左手持枪右手握水带，右大腿压在水带上，枪口朝前目视前方。听到“停止射水”口令，右手持枪成立正姿势站好	卧射	1. 右脚未退后一步扣2分； 2. 双手未撑地扣2分； 3. 右手撑地时未握枪扣2分； 4. 卧倒后右腿未压在水带上扣2分； 5. 卧倒后未左手持枪，右手握水带扣2分	10			

续表

序号	考核内容	操作规程	评分要素	评分标准	配分	扣分	得分	备注
5	肩射姿势	听到“肩射”的口令，右脚后退一步，呈弓步，上体微向前倾；左手将水枪拿到右肩上，并握住水枪后部，右手握住水枪前部，水枪紧靠肩部，目视前方	肩射	1. 左手未将水枪拿到右肩上扣2分； 2. 左手未握住水枪后部扣2分； 3. 右手未握住水枪前部扣2分； 4. 水枪未紧靠肩部扣2分； 5. 未目视前方扣2分	10			
6	停射	听到“停射”口令，左手将水枪拿下移于右手，收回右脚持枪站好	停射	1. 未将水枪拿下扣3分； 2. 未持枪站好扣2分	5			
7	收操	听到“收操”口令，左脚向前一步放下水枪，收回左脚立正站好	放枪	1. 左脚未向前一步扣4分； 2. 未放下水枪扣4分； 3. 未收回左脚立正站好扣2分	10			
8	安全文明操作	按国家或企业颁发有关安全规定执行操作		每违反一项规定从总分中扣10分，严重违规取消考试资格				
9	考核时限	24s		超过24s本科目不计成绩				
合计					100			

考评员：　　　　　　　　记录员：　　　　　　　　复核人：

九、一人一盘水带连接操作

1. 考核安全要求

（1）必须穿戴个人防护用品。
（2）选择符合要求的场地。
（3）做好安全检查和自我防护交底。
（4）人员和设备、器材符合安全要求。
（5）爱护器材，严格按照操作规程操作。

2. 准备要求

（1）个人防护用品与工具、器材准备：

序　号	名　称	规　格	数　量	备　注
1	水枪	ϕ19mm	1 支	
2	水带	长 20m，ϕ65mm	1 盘	
3	分水器		1 只	
4	消防头盔		1 顶	
5	消防安全带		1 条	

（2）场地准备：
消防训练专用场地，长 18m，宽 2.5m，从起点依次标出起点线、器材线、分水器拖止线、终点线，场地平整无干扰。

3. 操作程序说明

（1）准备器材。
（2）甩开水带，连接分水器。
（3）连接水枪。
（4）冲出终点线喊“好”。

4. 考核规定说明

（1）违章操作，停止考核。
（2）考核采用百分制，考核项目得分按鉴定比重进行折算。
（3）考核方式为实操考评。
（4）本科目主要检验操作人员对水带连接的熟练程度。

5. 考核时限

(1) 准备时间：1min(不计入考核时间)。
(2) 操作时间：7s。
(3) 提前完成不加分，超时停止操作。

6. 评分记录表

一人一盘水带连接操作评分记录表

考评日期：　　　　考核人员：　　　　操作用时：

序号	考核内容	操作规程	评分要素	评分标准	配分	扣分	得分	备注
1	准备器材	听到“准备器材”口令，检查器材，携带水枪，在起点线立正	检查携带器材	1. 少检查一件扣5分； 2. 未携带水枪扣5分	10			
				未在起点线立正扣10分	10			
2	连接分水器	听到“开始”口令，迅速向前，双手甩开水带，一端连接分水器接口，水带不得出线、压线，扭圈不得超过360°	水带铺设、连接	1. 未双手持水带扣5分； 2. 未甩开水带扣5分； 3. 水带未甩至8m线扣10分	20			
				1. 水带出线扣5分； 2. 水带压线扣5分； 3. 水带扭圈360°扣5分	15			
				接口脱扣、卡扣，该项不得分	10			
3	连接水枪	在跑动中将水带另一端接口与水枪连接，到达终点线，成立射姿势喊“好”	连接水枪	到达终点线水枪未接好扣10分	10			
				分水器拖出0.5m扣10分	15			
				1. 未成立射姿势扣8分； 2. 未喊“好”扣2分	10			
4	安全文明操作	按国家或企业颁发有关安全规定执行操作		每违反一项规定从总分中扣10分，严重违规取消考试资格				
5	考核时限	7s		超过7s本科目不计成绩				
合计					100			

考评员：　　　　记录员：　　　　复核人：

十、原地攀登 6m 拉梯操作

1. 考核安全要求

(1) 必须穿戴个人防护用品。
(2) 选择符合要求的场地。
(3) 做好安全检查和自我防护交底。
(4) 人员和设备、器材符合安全要求。
(5) 爱护器材，严格按照操作规程操作。

2. 准备要求

个人防护用品与工具、器材准备：

序号	名称	规格	数量	备注
1	训练塔	4层	1座	
2	拉梯	6m	1部	
3	安全带		1条	
4	安全钩		1个	
5	消防头盔		1顶	

3. 操作程序说明

(1) 准备工作。
(2) 竖梯。
(3) 升梯。
(4) 攀登拉梯。
(5) 挂弹簧钩。

4. 考试规定说明

(1) 违章操作，停止考核。
(2) 考核采用百分制，考核项目得分按鉴定比重进行折算。
(3) 考核方式为实操考评。
(4) 本科目主要检验操作人员对原地攀登 6m 拉梯操作的熟练程度。

5. 考试时限

(1) 准备工作：2min(不计入考核时间)。

（2）操作时间：19s。

（3）提前完成不加分，超时停止操作。

6. 评分记录表

原地攀登 6m 拉梯操作评分记录表

考评日期：　　考核人员：　　操作用时：

序号	考核内容	操作规程	评分要素	评分标准	配分	扣分	得分	备注
1	准备器材	听到“准备器材”口令，整理检查器材	器材检查	检查拉梯升降装置、拉绳、上下节梯，少一项该项不计成绩	10			
2	竖梯	听到“开始”口令，右手握第七梯蹬，左手握第五梯蹬下压，右手上抬将梯子竖直，梯脚架在竖梯区内	竖梯动作	1. 右手未握住第七或第八梯蹬扣 10 分； 2. 未将梯子竖直扣 10 分； 3. 左手未握住第五梯蹬扣 10 分； 4. 未将梯子架在竖梯区域不计成绩	30			
3	升梯	右脚向前，伸入两梯脚之间，双手交替拉绳，当内梯活络铁脚高于外梯第七蹬时，右手伸入梯蹬内向外拉内梯绳，使活络铁脚落于外梯第七蹬，严禁双手伸入梯蹬内	升梯动作	1. 右脚未伸入两梯脚之间扣 10 分； 2. 双手同时脱手扣 10 分； 3. 升梯时触及到建筑物扣 10 分； 4. 右手未向外拉内梯绳，扣 5 分； 5. 左手未松脱外梯绳扣 5 分； 6. 梯子锁低于第七蹬的，该项不计成绩； 7. 双手同时伸入梯蹬内的，该项不计成绩	40			
4	攀登拉梯	拉梯架设好后，逐级攀登，左手抓窗沿，右手抓梯蹬，跃入窗内，面向窗外喊“好”	攀梯动作	1. 梯子未完全架好即攀登的不计成绩； 2. 梯子架在窗外的不计成绩； 3. 未逐级攀登扣 10 分； 4. 未跃入窗内喊“好”扣 10 分	20			
5	安全文明操作	按国家或企业颁发有关安全规定执行操作		每违反一项规定从总分中扣 10 分，严重违规取消考试资格				
6	考核时限	19s		超过 19s 本科目不计成绩				
合　计					100			

考评员：　　记录员：　　复核人：

十一、徒手翻越消防板障操作

1. 考核安全要求

(1) 必须穿戴个人防护用品。
(2) 选择符合要求的场地。
(3) 做好安全检查和自我防护交底。
(4) 人员和设备、器材符合安全要求。
(5) 爱护器材，严格按照操作规程操作。

2. 准备要求

(1)个人防护用品与工具、器材准备：

序　号	名　称	规　格	数　量	备　注
1	板障	2m×2m	1个	
2	消防头盔		1顶	
3	消防安全带		1条	

(2)场地要求：

在训练场地上，距起点线25m处设置消防板障，消防板障后5m处设置终点线，消防板障下设置缓冲垫。

3. 操作程序说明

(1) 准备工作。
(2) 翻越板障。
(3) 到达终点线喊“好”。

4. 考核规定说明

(1) 违章操作，停止考核。
(2) 考核采用百分制，考核项目得分按鉴定比重进行折算。
(3) 考核方式为实操考评。
(4) 本科目主要检验操作人员对徒手翻越消防板障的熟练程度。

5. 考核时限

(1) 准备时间：1min(不计入考核时间)。

（2）操作时间：12s。

（3）提前完成不加分，超时停止操作。

6. 评分记录表

徒手翻越消防板障操作评分记录表

考评日期： 考核人员： 操作用时：

序号	考核内容	操作规程	评分要素	评分标准	配分	扣分	得分	备注
1	准备工作	戴头盔、扎消防安全带，在起点线立正	安全防护	1. 未戴消防头盔扣10分； 2. 未扎消防安全带扣10分	20			
2	翻越板障	听到“开始”口令，跑至消防板障前左脚（右脚）蹬板障，双手抓住板障顶端，撑起身体，腹部贴于板障顶端，右手（左手）反握板障顶端，身体前倾，重心向下，右手（左手）推板障，双脚落地身体向前	翻越	1. 翻越板障时使用板障支架此项不计成绩； 2. 未翻越板障此项不计成绩； 3. 未双手抓住板障顶端扣10分； 4. 未撑起身体扣10分； 5. 腹部未贴于板障顶端扣10分； 6. 未反握板障顶端扣10分； 7. 未推板障扣10分； 8. 头盔掉落扣10分	60			
3	操作完成	到达终点线喊“好”	收操	1. 未到达终点喊“好”扣10分； 2. 到达终点时个人防护用品不齐全扣10分	20			
4	安全文明操作	按国家或企业颁发有关安全规定执行操作		每违反一项规定从总分中扣10分，严重违规取消考试资格				
5	考核时限	12s		超过12s本科目不计成绩				
合计					100			

考评员： 记录员： 复核人：

中级工

附表二　考核要素及技能要求（中级工）

考核范围	考核内容	考核比重	技能要求	备　注
消防准备	着隔热服佩戴空气呼吸器	5%	能够识别防护装备种类、用途、使用规范，正确穿戴消防员基本防护装备和操作使用正压式空气呼吸器	
基础操作	1. 心肺复苏； 2. 机动链锯操作； 3. 吸液管吸液操作； 4. 单绳椅子扣救人结绳法； 5. 双平结结绳法； 6. 单套腰结结绳法； 7. 卷结结绳法； 8. 锚结结绳法； 9. 双半结结绳法	50%	1. 能够正确评估患者意识，熟练掌握心肺复苏操作步骤和要领； 2. 掌握破拆装备的性能参数、用途及注意事项，能够按照安全操作规程，熟练操作机动链锯； 3. 熟悉车辆性能，能够识别水带、泡沫枪、吸液管及供水线路附件，掌握水带、泵浦、泡沫枪、吸液管连接方法； 4. 能够熟练结绳，掌握结绳法的实际应用	
过程操作	1. 一人两盘 65mm 水带连接； 2. 吊升水带； 3. 攀登挂钩梯； 4. 双人攀登 6m 拉梯； 5. 百米消防障碍操； 6. 楼层垂直铺设水带操	45%	1. 能够识别水带、分水器及供水线路附件，掌握水带、分水器、水枪连接方法； 2. 掌握水带附件的组成、性能和用途，能够熟练使用，按要求完成吊升铺设水带； 3. 掌握挂钩梯的组成、性能、用途及挂梯攀登要领以及检查维护保养，能够按照安全操作规程进行登高作业； 4. 掌握 6m 拉梯的组成、性能、用途及架设和攀登要领以及检查维护保养，能够相互配合操作 6m 拉梯进行登高作业； 5. 掌握翻越消防障碍和通过独木桥的方法，按要求完成水带连接操作； 6. 掌握沿消防梯铺设水带的操作方法、要求和注意事项	

十二、着隔热服佩戴空气呼吸器操作

1. 考核安全要求

(1) 必须穿戴个人防护用品。
(2) 选择符合要求的场地。
(3) 做好安全检查和自我防护交底。
(4) 人员和设备、器材符合安全要求。
(5) 爱护器材，严格按照操作规程操作。

2. 准备要求

个人防护用品与工具、器材准备：

序　号	名　称	规　格	数　量	备　注
1	空气呼吸器	正压式	1 具	
2	消防训练垫		2 个	
3	隔热服		1 套	

3. 操作程序说明

(1) 准备器材。
(2) 佩戴空气呼吸器。
(3) 着隔热服。

4. 考核规定说明

(1) 违章操作，停止考核。
(2) 考核采用百分制，考核项目得分按鉴定比重进行折算。
(3) 考核方式为实操考评。
(4) 本科目主要检验操作人员对着隔热服佩戴空气呼吸器操作的熟练程度。

5. 考核时限

(1) 准备时间：2min(不计入考核时间)。
(2) 操作时间：90s。
(3) 提前完成不加分，超时停止操作。

6. 评分记录表

着隔热服佩戴空气呼吸器操作评分记录表

考评日期： 考核人员： 操作用时：

序号	考核内容	操作规程	评分要素	评分标准	配分	扣分	得分	备注
1	准备工作	听到“准备器材”口令，将隔热服鞋套套在消防靴上，与器材线相齐；下装叠成三折，放在消防靴前；手套放在下装前；头罩放在上装前；检查调整空气呼吸器	器材准备	1. 未将隔热靴套套在消防靴上扣5分； 2. 未与器材线相齐扣5分； 3. 隔热服折放不符合要求每项扣5分； 4. 未检查空气呼吸器扣5分	20			
2	穿下装靴子	听到“开始”口令，迅速脱下胶靴，着下装，拉好背带，穿好消防靴	操作要求	1. 未踏入靴底扣10分； 2. 下装尼龙搭扣未扣或粘合长度不到2/3，该项不计成绩； 3. 未调整好背带扣10分	20			
3	佩戴空气呼吸器	左脚向前一步，右膝跪地，双手握紧背架两侧，举过头顶自然下滑，调整肩带，扣牢腰带，开启气瓶，戴好面罩	佩戴	1. 左脚未向前一步扣2分； 2. 右膝未跪地扣2分； 3. 未调整肩带扣6分； 4. 未扣牢腰带扣5分； 5. 气瓶未开起三圈以上扣5分； 6. 未戴好面罩扣10分	30			
4	着隔热服	穿好上装；带好头套，固定腋下固定带；建立呼吸；戴好手套，举手示意	着装	1. 上装拉链或粘胶未到2/3处扣5分； 2. 未戴好头套扣5分； 3. 固定带未固定扣5分； 4. 未带好手套扣5分； 5. 未建立呼吸扣5分； 6. 未举手示意扣5分	30			
5	安全文明操作	按国家或企业颁发有关安全规定执行操作		每违反一项规定从总分中扣10分，严重违规取消考试资格				
6	考核时限	90s		超过90s本科目不计成绩				
合计					100			

考评员： 记录员： 复核人：

十三、心肺复苏操作

1. 考核安全要求

（1）必须穿戴个人防护用品。
（2）选择符合要求的场地。
（3）做好安全检查和自我防护交底。
（4）人员和设备、器材符合安全要求。
（5）爱护器材，严格按照操作规程操作。

2. 准备要求

个人防护用品与工具、器材准备：

序　号	名　称	规　格	数　量	备　注
1	心肺复苏模拟人		1具	
2	消防训练垫		1张	
3	纱布		2块	

3. 操作程序说明

（1）准备工作。
（2）判断观察。
（3）实施心肺复苏。
（4）建立人工呼吸。
（5）操作结束。

4. 考核规定说明

（1）违章操作，停止考核。
（2）考核采用百分制，考核项目得分按鉴定比重进行折算。
（3）考核方式为实操考评。
（4）本科目主要检验操作人员对心肺复苏操作的熟练程度。

5. 考核时限

（1）准备时间：1min(不计入考核时间)。
（2）正式操作时间：2min。
（3）提前完成不加分，超时停止操作。

6. 评分记录表

心肺复苏操作评分记录表

考评日期： 考核人员： 操作用时：

序号	考核内容	操作规程	评分要素	评分标准	配分	扣分	得分	备注
1	准备工作	将模拟人平放在训练垫上，接通电源，检查显示仪	器材准备	未检查扣5分	5			
2	判断评估患者情况	听到“开始”口令，解开衣领、腰带轻拍患者肩部，俯身高声呼叫，口诉“意识丧失”	判断意识	1. 未采取轻拍患者肩部，高声呼叫扣3分； 2. 未口诉“意识丧失”扣3分	6			
		右手中二指并拢，由喉结单侧滑移2~3cm检查颈动脉；通过眼视、面感、耳听判断自主呼吸，口诉：“搏动、自主呼吸消失”	判断脉搏动及呼吸	1. 未按要求判断脉动扣3分； 2. 未按要求判断呼吸扣3分； 3. 未口诉：“搏动、自主呼吸消失”扣3分	9			
3	胸外心脏按压	采取跪式体位，双手掌根重叠，手指扣手交叉，手指不触及胸壁，双臂肘关节绷直，以髋关节为支点运动，垂直向下用力，每次按压后让胸壁充分回弹，放松时掌根部不能离开按压部位	实施按压	1. 未采取跪式体位扣3分； 2. 按压手势不正确扣5分； 3. 按压部位未在双乳头连线与胸骨交叉处扣8分； 4. 按压频率少于100~120次/分扣4分； 5. 按压深度少于5~6cm扣10分； 6. 未按1∶1按压与放松扣5分； 7. 按压呼吸未按30∶2扣5分	40			
4	开放气道并建立人工呼吸	轻转头部，检查口腔，左手掌外缘置于患者前额，向后下方施力，使其头部后仰，同时右手中指指端放在患者下颌骨下方，旁开中点2cm，将颌部向前抬起，使头部充分后仰，下颌角与耳垂连线和身体水平面呈90°；口对口建立人工呼吸	建立呼吸	1. 未检查口腔异物扣5分； 2. 仰头抬颌法不正确扣5分； 3. 每次吹气前未重新开放气道扣5分； 4. 未用嘴严密包绕患者嘴扣5分； 5. 每次吹气未持续1~1.5s扣5分； 6. 吹气时未见到患者胸部出现起伏扣5分	30			
5	操作结束	操作4个循环后再次判断颈动脉搏动及呼吸喊好	结束	未判断颈动脉搏动及呼吸扣10分	10			
6	安全文明操作	按国家或企业颁发有关安全规定执行操作						
7	考核时限	2min		超过2min本科目不计成绩				
		合计			100			

考评员： 记录员： 复核人：

十四、机动链锯操作

1. 考核安全要求

（1）必须穿戴个人防护用品。
（2）选择符合要求的场地。
（3）做好安全检查和自我防护交底。
（4）人员和设备、器材符合安全要求。
（5）爱护器材，严格按照操作规程操作。

2. 准备要求

个人防护用品与工具、器材准备：

序　号	名　称	规　格	数　量	备　注
1	机动链锯		1台	
2	消防头盔		1顶	
3	消防手套		1副	
4	消防安全带		1条	

3. 操作程序说明

（1）准备器材。
（2）卸下导板。
（3）操作设备。
（4）收操。

4. 考核规定说明

（1）违章操作，停止考核。
（2）考核采用百分制，考核项目得分按鉴定比重进行折算。
（3）考核方式为实操考评。
（4）本科目主要检验操作人员对操作机动链锯的熟练程度。

5. 考核时限

（1）准备时间：2min（不计入考核时间）。
（2）操作时间：30s。

（3）提前完成不加分，超时停止操作。

6. 评分记录表

机动链锯操作评分记录表

考评日期： 考核人员： 操作用时：

序号	考核内容	操作规程	评分要素	评分标准	配分	扣分	得分	备注
1	准备工作	听到“准备器材”口令，戴好头盔、手套，机动链锯放在操作线处，锯链向前，后端手柄与操作线相齐	器材准备	1. 未戴头盔扣5分； 2. 未戴手套扣5分； 3. 链锯未放于操作线扣5分； 4. 锯链未向前扣3分； 5. 后端手柄与操作线未相齐扣2分	20			
2	操作设备	听到“开始”口令，跑至操作线，卸下机动链锯保护导板，打开(启动)停机开关	发动设备	1. 未跑动扣3分； 2. 未卸下链锯导板扣7分； 3. 未打开(启动)停机开关扣10分	20			
		右脚踩后端手柄孔，左手提前端手柄，右手拉启动绳，将设备发动，拉下头盔面罩		1. 手握或脚踩位置不正确扣5分； 2. 设备发动后未将面罩拉下扣8分； 3. 链条与地面接触扣扣7分	20			
		左手扳动锯链转动开关后握住前端手柄，右手握住后端手柄，右手掌按下油门开关，食指控制油门，使锯链加速转动后喊“好”		1. 左手未扳锯链转动开关扣8分； 2. 未握住前端手柄扣8分； 3. 右手未握住后端手柄扣10分； 4. 锯链未加速转动扣4分	30			
3	收操	听到“收操”口令，关闭开关停机，放回原处，立正	停机	1. 未关闭启动(停机)开关扣5分； 2. 未将器材放回原处扣5分	10			
4	安全文明操作	按国家或企业颁发有关安全规定执行操作		每违反一项规定从总分中扣10分，严重违规取消考试资格				
5	考核时限	30s		超过30s本科目不计成绩				
合计					100			

考评员： 记录员： 复核人：

十五、吸液管吸液操作

1. 考核安全要求

(1) 必须穿戴个人防护用品。
(2) 选择符合要求的场地。
(3) 做好安全检查和自我防护交底。
(4) 人员和设备、器材符合安全要求。
(5) 爱护器材，严格按照操作规程操作。

2. 准备要求

个人防护用品与工具、器材准备：

序　号	名　称	规　格	数　量	备　注
1	消防车		1 台	
2	泡沫吸液管		1 根	
3	泡沫桶	25L	1 个	
4	泡沫枪	PQ8	1 把	
5	水带	ϕ65mm	2 盘	
6	消防战斗服		2 套	
7	消防头盔		2 顶	
8	消防安全带		2 条	
9	消防靴		2 双	
10	消防手套		2 副	

3. 操作程序说明

(1) 准备工作。
(2) 水带连接。
(3) 操作泵浦。
(4) 连接吸液管。
(5) 操作结束。

4. 考核规定说明

(1) 违章操作，停止考核。

（2）考核采用百分制，考核项目得分按鉴定比重进行折算。
（3）考核方式为实操考评。
（4）本科目主要检验操作人员对吸液管吸液操作的熟练程度。

5. 考核时限

（1）准备时间：1min（不计入考核时间）。
（2）操作时间：40s。
（3）提前完成不加分，超时停止操作。

6. 评分记录表

吸液管吸液操作评分记录表

考评日期： 考核人员： 操作用时：

序号	考核内容	操作规程	评分要素	评分标准	配分	扣分	得分	备注
1	准备工作	终点线处放置吸液管、泡沫桶；整理器材，在起点线立正	器材准备	未在终点线放置吸液管、泡沫桶扣10分	10			
2	水带连接	听到"开始"口令，甩开第一盘水带，一端连接消防车出水口，一端与第二盘水带连接，在跑动中甩开第二盘水带，连接泡沫枪，到达终点线	水带铺设	1. 未留机动水带扣10分； 2. 水带扭圈360°扣10分； 3. 接口脱扣、卡扣，该项不计成绩	30			
3	吸液管连接出液	将吸液管一端与泡沫枪连接，一端插入泡沫桶内，打开泡沫枪吸液开关，示意辅助人员联泵出水，待泡沫枪出液后喊"好"	吸液操作	1. 吸液管未与泡沫枪连接扣5分； 2. 吸液管未插入泡沫桶内扣5分； 3. 未打开泡沫枪吸液开关扣10分； 4. 未出液喊"好"扣10分	30			
4	操作泵浦	辅助人员操作消防泵，将压力控制在0.8～1.2MPa，打开出水开关	出水	1. 未出水扣10分； 2. 压力未控制在0.8～1.2MPa扣10分	20			
5	操作结束	听到"收操"口令，收起器材，放回原处，成立正姿势	收操	未将器材放回起点线扣10分	10			
6	安全文明操作	按国家或企业颁发有关安全规定执行操作		每违反一项规定从总分中扣10分，严重违规取消考试资格				
7	考核时限	40s		超过40s本科目不计成绩				
合计					100			

考评员： 记录员： 复核人：

十六、单绳椅子扣救人结绳法操作

1. 考核安全要求

(1) 必须穿戴个人防护用品。
(2) 选择符合要求的场地。
(3) 做好安全检查和自我防护交底。
(4) 人员和设备、器材符合安全要求。
(5) 爱护器材，严格按照操作规程操作。

2. 准备要求

(1) 个人防护用品与工具、器材准备：

序 号	名 称	规 格	数 量	备 注
1	安全绳	长 25m	2 根	
2	结绳法训练装置		1 套	

(2)场地准备
消防训练专用场地，场地平整无干扰。

3. 操作程序说明

(1) 准备工作。
(2) 单绳椅子扣。

4. 考核规定说明

(1) 违章操作，停止考核。
(2) 考核采用百分制，考核项目得分按鉴定比重进行折算。
(3) 考核方式为实操考评。
(4) 本科目主要检验操作人员对单绳椅子扣救人结绳法掌握的熟练程度。

5. 考核时限

(1) 准备时间：10s(不计入考核时间)。
(2) 操作时间：15s。
(3) 提前完成不加分，超时停止操作。

6. 评分记录表

单绳椅子扣救人结绳法操作评分记录表

考评日期：　　　　　　　　考核人员：　　　　　　　　操作用时：

<table>
<tr><th>序号</th><th>考核内容</th><th>操作规程</th><th>评分要素</th><th>评分标准</th><th>配分</th><th>扣分</th><th>得分</th><th>备注</th></tr>
<tr><td>1</td><td>准备工作</td><td>听到“准备器材”口令，整理绳索，在起点线立正</td><td>器材准备</td><td>少一件扣2分</td><td>2</td><td></td><td></td><td></td></tr>
<tr><td rowspan="10">2</td><td rowspan="10">单绳椅子扣</td><td rowspan="10">听到“开始”口令，将安全绳一端弯折成两股；左手持绳索两端；右手由下穿入另一头绳环中；张开虎口抓住绳索；做成双层绳环；左手拿着双层绳环交叉处；右手抓住左手做的双股绳；由双层绳环外伸入绳环中；双手拉紧调整绳套大小</td><td rowspan="10">绳结制作</td><td>未折成两股扣10分</td><td>10</td><td></td><td></td><td></td></tr>
<tr><td>1. 左手未持绳索两端扣9分；
2. 右手持绳索两端扣1分</td><td>10</td><td></td><td></td><td></td></tr>
<tr><td>未由下穿入扣10分</td><td>10</td><td></td><td></td><td></td></tr>
<tr><td>未抓住绳索扣10分</td><td>10</td><td></td><td></td><td></td></tr>
<tr><td>未做成双层绳环扣8分</td><td>8</td><td></td><td></td><td></td></tr>
<tr><td>1. 未拿着双层绳环交叉处扣5分；
2. 右手拿着双层绳环交叉处扣5分</td><td>10</td><td></td><td></td><td></td></tr>
<tr><td>未抓住双股绳扣10分</td><td>10</td><td></td><td></td><td></td></tr>
<tr><td>未由双层绳环外伸入扣10分</td><td>10</td><td></td><td></td><td></td></tr>
<tr><td>双手未拉紧扣10分</td><td>10</td><td></td><td></td><td></td></tr>
<tr><td>未调整绳套大小扣10分</td><td>10</td><td></td><td></td><td></td></tr>
<tr><td>3</td><td>安全文明操作</td><td colspan="2">按国家或企业颁发有关安全规定执行操作</td><td>每违反一项规定从总分中扣10分，严重违规取消考试资格</td><td></td><td></td><td></td><td></td></tr>
<tr><td>4</td><td>考核时限</td><td colspan="2">15s</td><td>超过15s本科目不计成绩</td><td></td><td></td><td></td><td></td></tr>
<tr><td colspan="5">合　计</td><td>100</td><td></td><td></td><td></td></tr>
</table>

考评员：　　　　　　　　记录员：　　　　　　　　复核人：

十七、双平结结绳法操作

1. 考核安全要求

(1) 必须穿戴个人防护用品。
(2) 选择符合要求的场地。
(3) 做好安全检查和自我防护交底。
(4) 人员和设备、器材符合安全要求。
(5) 爱护器材，严格按照操作规程操作。

2. 准备要求

(1) 个人防护用品与工具、器材准备：

序　号	名　称	规　格	数　量	备　注
1	安全绳	长 25m	2 根	
2	结绳法训练装置		1 套	

(2) 场地准备：
消防训练专用场地，场地平整无干扰。

3. 操作程序说明

(1) 准备工作。
(2) 双平结结绳法。

4. 考核规定说明

(1) 违章操作，停止考核。
(2) 考核采用百分制，考核项目得分按鉴定比重进行折算。
(3) 考核方式为实操考评。
(4) 本科目主要检验操作人员对双平结结绳法操作的熟练程度。

5. 考核时限

(1) 准备时间：10s(不计入考核时间)。
(2) 操作时间：15s。
(3) 提前完成不加分，超时停止操作。

6. 评分记录表

双平结结绳法操作评分记录表

考评日期： 考核人员： 操作用时：

序号	考核内容	操作规程	评分要素	评分标准	配分	扣分	得分	备注
1	准备工作	听到“准备器材”口令，整理绳索，立正	器材准备	少一件扣10分	10			
2	双平结结绳法	听到“开始”口令，两手抓握绳索两端，绳头留出约20cm	结绳操作	1. 未抓握绳索两端扣10分； 2. 绳头长度不足20cm扣10分	20			
		两手交叉，用左手绳索压右手绳索，左手绳头绕右绳一圈		左手绳头未绕右绳一圈扣10分	10			
		两手抓握绳索两端，用右绳索压左手绳索，右手绳头绕左绳一圈，收紧绳结		1. 右手绳头未绕左绳一圈扣10分； 2. 未收紧绳结扣10分	20			
		分别用绳头在绳索两端打半结加固		未打半结加固扣10分	10			
		立正喊“好”		未立正喊“好”扣10分	10			
3	操作结束	听到“收操”口令，收起绳索放回原处，成立正姿势	收操	1. 未将绳索放回原处的扣10分； 2. 未成立正姿势扣10分	20			
4	安全文明生产	按国家或企业颁发的有关安全规定执行操作		每违反一项从总分中扣除10分，严重违反者取消考试资格				
5	考试时限	15s		超过15s该科目不计取成绩				
合计					100			

考评员： 记录员： 复核人：

十八、单套腰结结绳法操作

1. 考核安全要求

(1) 必须穿戴个人防护用品。
(2) 选择符合要求的场地。
(3) 做好安全检查和自我防护交底。
(4) 人员和设备、器材符合安全要求。
(5) 爱护器材，严格按照操作规程操作。

2. 准备要求

(1) 个人防护用品与工具、器材准备：

序　号	名　称	规　格	数　量	备　注
1	安全绳	长 25m	1 根	
2	结绳法训练装置		1 套	

(2) 场地准备：
消防训练专用场地，场地平整无干扰。

3. 操作程序说明

(1) 准备工作。
(2) 单套腰结结绳。

4. 考核规定说明

(1) 违章操作，停止考核。
(2) 考核采用百分制，考核项目得分按鉴定比重进行折算。
(3) 考核方式为实操考评。
(4) 本科目主要检验操作人员对单套腰结结绳法掌握的熟练程度。
(5) 该项如有多种操作方法，以推荐方法为准。

5. 考核时限

(1) 准备时间：10s(不计入考核时间)。
(2) 操作时间：15s。
(3) 提前完成不加分，超时停止操作。

6. 评分记录表

单套腰结结绳法操作评分记录表

考评日期： 考核人员： 操作用时：

<table>
<tr><th>序号</th><th>考核内容</th><th>操作规程</th><th>评分要素</th><th>评分标准</th><th>配分</th><th>扣分</th><th>得分</th><th>备注</th></tr>
<tr><td>1</td><td>准备工作</td><td>听到“准备器材”口令，整理绳索，在起点线立正</td><td>器材准备</td><td>未整理安全绳扣10分</td><td>10</td><td></td><td></td><td></td></tr>
<tr><td rowspan="9">2</td><td rowspan="9">单套腰结结绳法</td><td rowspan="9">听到“开始”口令，将安全绳一端绕过物体，压住主绳绕一周，从环内穿出，拉紧副绳；副绳从主绳下面绕一周，从绳环内穿出拉紧，打半结加固；绳结要工整，绳尾10cm以上</td><td rowspan="9">绳结制作</td><td>未绕过物体扣10分</td><td>10</td><td></td><td></td><td></td></tr>
<tr><td>未压住主绳绕一周，从环内穿出扣10分</td><td>10</td><td></td><td></td><td></td></tr>
<tr><td>未拉紧副绳扣10分</td><td>10</td><td></td><td></td><td></td></tr>
<tr><td>副绳未绕主绳一周扣10分</td><td>10</td><td></td><td></td><td></td></tr>
<tr><td>未从绳环内穿出拉紧扣10分</td><td>10</td><td></td><td></td><td></td></tr>
<tr><td>未打半结加固扣10分</td><td>10</td><td></td><td></td><td></td></tr>
<tr><td>未收紧绳索扣10分</td><td>10</td><td></td><td></td><td></td></tr>
<tr><td>绳结不工整扣10分</td><td>10</td><td></td><td></td><td></td></tr>
<tr><td>绳尾不够10cm以上的扣10分</td><td>10</td><td></td><td></td><td></td></tr>
<tr><td>3</td><td>安全文明操作</td><td colspan="2">按国家或企业颁发有关安全规定执行操作</td><td>每违反一项规定从总分中扣10分，严重违规取消考试资格</td><td></td><td></td><td></td><td></td></tr>
<tr><td>4</td><td>考核时限</td><td colspan="2">15s</td><td>超过15s本科目不计成绩</td><td></td><td></td><td></td><td></td></tr>
<tr><td colspan="5">合　　计</td><td>100</td><td></td><td></td><td></td></tr>
</table>

考评员： 记录员： 复核人：

十九、卷结结绳法操作

1. 考核安全要求

（1）必须穿戴个人防护用品。
（2）选择符合要求的场地。
（3）做好安全检查和自我防护交底。
（4）人员和设备、器材符合安全要求。
（5）爱护器材，严格按照操作规程操作。

2. 准备要求

（1）个人防护用品与工具、器材准备：

序　号	名　称	规　格	数　量	备　注
1	安全绳	长 25m	1 根	
2	结绳法训练装置		1 套	

（2）场地准备：
消防训练专用场地，场地平整无干扰。

3. 操作程序说明

（1）准备工作。
（2）卷结结绳。

4. 考核规定说明

（1）违章操作，停止考核。
（2）考核采用百分制，考核项目得分按鉴定比重进行折算。
（3）考核方式为实操考评。
（4）本科目主要检验操作人员对卷结结绳法掌握的熟练程度。
（5）该项如有多种操作方法，以推荐方法为准。

5. 考核时限

（1）准备时间：10s（不计入考核时间）。
（2）操作时间：15s。
（3）提前完成不加分，超时停止操作。

6. 评分记录表

卷结结绳法操作评分记录表

考评日期： 考核人员： 操作用时：

序号	考核内容	操作规程	评分要素	评分标准	配分	扣分	得分	备注
1	准备工作	听到“准备器材”口令，整理绳索，在起点线立正	器材准备	未整理安全绳扣10分	10			
2	卷结结绳法	听到“开始”口令，左手握住安全绳长端，右手握住安全绳末端，在固定物体上将绳子末端盘绕一周，压住主绳再绕物体一周，从绳环交叉处中间穿出，收紧绳索；打半结加固	绳结制作	左手未握住安全绳长端扣10分	10			
				右手未握住安全绳末端扣10分	10			
				未在固定物体绕一周扣10分	10			
				未压住主绳绕一周扣10分	10			
				未从绳环交叉处中间穿出扣20分	20			
				未收紧绳索扣10分	10			
				未打半结加固扣20分	20			
3	安全文明操作	按国家或企业颁发有关安全规定执行操作		每违反一项规定从总分中扣10分，严重违规取消考试资格				
4	考核时限	15s		超过15s本科目不计成绩				
合计					100			

考评员： 记录员： 复核人：

二十、锚结结绳法操作

1. 考核安全要求

(1) 必须穿戴个人防护用品。
(2) 选择符合要求的场地。
(3) 做好安全检查和自我防护交底。
(4) 人员和设备、器材符合安全要求。
(5) 爱护器材，严格按照操作规程操作。

2. 准备要求

(1)个人防护用品与工具、器材准备：

序　号	名　称	规　格	数　量	备　注
1	安全绳	长 25m	1 根	
2	结绳法训练装置		1 套	

(2) 场地准备：
消防训练专用场地，场地平整无干扰。

3. 操作程序说明

(1) 准备工作。
(2) 锚结结绳。

4. 考核规定说明

(1) 违章操作，停止考核。
(2) 考核采用百分制，考核项目得分按鉴定比重进行折算。
(3) 考核方式为实操考评。
(4) 本科目主要检验操作人员对锚结结绳法掌握的熟练程度。

5. 考核时限

(1) 准备时间：10s(不计入考核时间)。
(2) 操作时间：15s。
(3) 提前完成不加分，超时停止操作。

6. 评分记录表

锚结结绳法操作评分记录表

考评日期： 考核人员： 操作用时：

序号	考核内容	操作规程	评分要素	评分标准	配分	扣分	得分	备注
1	准备工作	听到“准备器材”口令，整理绳索，在起点线立正	器材准备	未整理安全绳扣10分	10			
2	锚结结绳法	听到“开始”口令，左手握住安全绳长端，右手握住安全绳末端，在固定物体上将绳子末端盘绕两周，将副绳绕过主绳从固定物上的两个绳圈下穿过；收紧绳索；在主绳上打半结加固	绳结制作	左手未握住安全绳长端扣10分	10			
				右手未握住安全绳末端扣10分	10			
				未绕在固定物上两周扣10分	10			
				未将副绳绕过主绳扣15分	15			
				未从固定物上的两个绳圈下穿过扣15分	15			
				未收紧绳索扣10分	10			
				未打半结加固扣20分	20			
3	安全文明操作	按国家或企业颁发有关安全规定执行操作		每违反一项规定从总分中扣10分，严重违规取消考试资格				
4	考核时限	15s		超过15s本科目不计成绩				
合计					100			

考评员： 记录员： 复核人：

二十一、双半结结绳法操作

1. 考核安全要求

(1) 必须穿戴个人防护用品。
(2) 选择符合要求的场地。
(3) 做好安全检查和自我防护交底。
(4) 人员和设备、器材符合安全要求。
(5) 爱护器材，严格按照操作规程操作。

2. 准备要求

(1) 个人防护用品与工具、器材准备：

序号	名称	规格	数量	备注
1	安全绳	长 25m	1 根	
2	结绳法训练装置		1 套	

(2) 场地准备：
消防训练专用场地，场地平整无干扰。

3. 操作程序说明

(1) 准备工作。
(2) 双半结结绳。

4. 考核规定说明

(1) 违章操作，停止考核。
(2) 考核采用百分制，考核项目得分按鉴定比重进行折算。
(3) 考核方式为实操考评。
(4) 本科目主要检验操作人员对双半结结绳法掌握的熟练程度。

5. 考核时限

(1) 准备时间：10s(不计入考核时间)。
(2) 操作时间：15s。
(3) 提前完成不加分，超时停止操作。

6. 评分记录表

双半结结绳法操作评分记录表

考评日期：　　　　考核人员：　　　　操作用时：

序号	考核内容	操作规程	评分要素	评分标准	配分	扣分	得分	备注
1	准备工作	听到“准备器材”口令，整理绳索，在起点线立正	器材准备	未整理安全绳扣10分	10			
2	双半结结绳法	听到“开始”口令，左手握住安全绳长端，右手握住安全绳末端，在固定物体上将绳索末端盘绕一周；绳头从主绳上方绕主绳一周，从环中穿过；再次将绳头从主绳下方绕主绳一周从环中穿出，收紧绳索	绳结制作	左手未握住安全绳长端扣10分	10			
				右手未握住安全绳末端扣10分	10			
				未绕固定物体一周扣10分	10			
				绳头未从主绳上方绕主绳一周扣15分	15			
				未将绳头从主绳下方绕主绳一周扣15分	15			
				未两次从绳环中穿过扣20分	20			
				未收紧绳索扣10分	10			
3	安全文明操作	按国家或企业颁发有关安全规定执行操作		每违反一项规定从总分中扣10分，严重违规取消考试资格				
4	考核时限	15s		超过15s本科目不计成绩				
合　计					100			

考评员：　　　　记录员：　　　　复核人：

二十二、一人两盘 65mm 水带连接操作

1. 考核安全要求

(1) 必须穿戴个人防护用品。
(2) 选择符合要求的场地。
(3) 做好安全检查和自我防护交底。
(4) 人员和设备、器材符合安全要求。
(5) 爱护器材，严格按照操作规程操作。

2. 准备要求

(1) 个人防护用品与工具、器材准备：

序　号	名　称	规　格	数　量	备　注
1	水枪	ϕ19mm	1 把	
2	水带	长 20m，ϕ65mm	2 盘	
3	消防头盔		1 顶	
4	消防安全带		1 条	
5	分水器		1 只	

(2) 场地准备：
消防训练专用场地，在长 37m、宽 2. 5m 的场地标出起点线、器材线、分水器拖至线、8m 线、13m 线、终点线，整洁规范，无干扰。

3. 操作程序说明

(1) 准备器材，选择工具。
(2) 甩开第一盘水带。
(3) 接水带和分水器接口。
(4) 甩开第二盘水带。
(5) 接水带接口；
(6) 接水枪到达终点线成立射姿势喊“好”。

4. 考核规定说明

(1) 违章操作，停止考核。
(2) 考核采用百分制，考核项目得分按鉴定比重进行折算。

（3）考核方式为实操考评。

（4）本科目主要检验操作人员对一人两盘 65mm 水带连接操作的熟练程度。

5. 考核时限

（1）准备时间：2min（不计入考核时间）。

（2）操作时间：12s。

（3）提前完成不加分，超时停止操作。

6. 评分记录表

一人两盘 65mm 水带连接操作评分记录表

考评日期：　　　　　　　　考核人员：　　　　　　　　操作用时：

序号	考核内容	操作规程	评分要素	评分标准	配分	扣分	得分	备注
1	准备工作	听到“准备器材”口令，整理器材，携带水枪，在起点线立正	摆放携带器材	1. 水带放置超过器材线扣5分； 2. 未携带水枪扣10分	15			
2	第一盘水带连接	听到“开始”口令，迅速向前，双手甩开第一盘水带，一端连接分水器接口，一端拿在手上，一手提起第二盘水带向前冲出	水带铺设	1. 水带未甩至8m线扣10分； 2. 水带出线扣10分； 3. 水带压线扣10分； 4. 水带扭圈360°扣10分； 5. 接口脱扣、卡扣，该项不计成绩	40			
3	第二盘水带连接	在跑动中连接第二盘水带后，在13m处甩开，连接水枪，到达终点线，成立射姿势喊“好”	连接水枪	1. 未到13m线甩开水带扣10分； 2. 水带出线扣5分； 3. 水带压线扣5分； 4. 水带扭圈360°扣10分 1. 到达终点水枪未接好扣10分； 2. 分水器拖出0.5m，该科目不计成绩； 3. 未成立射姿势喊“好”扣5分	45			
4	安全文明操作	按国家或企业颁发有关安全规定执行操作		每违反一项规定从总分中扣10分，严重违规取消考试资格				
5	考核时限	12s		超过12s本科目不计成绩				
	合　计				100			

考评员：　　　　　　　　记录员：　　　　　　　　复核人：

二十三、吊升水带操作

1. 考核安全要求

（1）必须穿戴个人防护用品。
（2）选择符合要求的场地。
（3）做好安全检查和自我防护交底。
（4）人员和设备、器材符合安全要求。
（5）爱护器材，严格按照操作规程操作。

2. 准备要求

（1）个人防护用品与工具、器材准备：

序　号	名　称	规　格	数　量	备　注
1	水枪	ϕ19mm	1 把	
2	水带	长 20m，ϕ65mm	2 盘	
3	消防头盔		1 顶	
4	消防安全带		1 条	
5	分水器		1 只	
6	水带挂钩		1 个	
7	水带包布		1 块	

（2）场地准备：
消防训练塔一座，在正前方 5m 处标出起点线。

3. 操作程序说明

（1）准备器材。
（2）攀登上楼。
（3）捆枪。
（4）吊升水带。

4. 考核规定说明

（1）违章操作，停止考核。
（2）考核采用百分制，考核项目得分按鉴定比重进行折算。
（3）考核方式为实操考评。
（4）本科目主要检验操作人员对吊升水带操作的熟练程度。

5. 考核时限

(1) 准备时间：1min(不计入考核时间)。
(2) 操作时间：45s。
(3) 提前完成不加分，超时停止操作。

6. 评分记录表

吊升水带操作评分记录表

考评日期： 考核人员： 操作用时：

序号	考核内容	操作规程	评分要素	评分标准	配分	扣分	得分	备注
1	准备工作	听到“准备器材”口令，选择操作所需器材	选择器材	1. 选择水带包布扣5分； 2. 少选一件器材扣5分	10			
2	携带器材攀登三楼	听到“开始”口令，将水带挂钩系于腰间，携带安全绳沿楼梯攀登至三楼，将安全绳一端从窗口传至地面，将另一端固定	携器材攀楼	1. 未携带挂钩扣5分； 2. 未携带安全绳扣5分	10			
				1. 未到三楼窗口扣5分； 2. 未将安全绳一端从窗口传至地面扣10分； 3. 未将安全绳另一端固定扣5分	20			
3	甩开水带连接接口捆扎水枪	返回地面将水带甩开，一端接口与分水器连接，另一端连接水枪跑至训练塔下，使用安全绳捆扎水枪，整理水带返回至三楼	捆扎水枪	1. 未甩开水带扣10分； 2. 水带与分水器接口卡口、脱口该项不计成绩	10			
				1. 水枪未连接好扣5分； 2. 未将水枪用安全绳捆扎好扣5分	10			
				1. 未整理水带扣10分； 2. 未返回三楼该项不计成绩	10			
4	水带铺设；水枪连接；射水姿势	到达三楼窗口，双手交替向上拉安全绳，将水枪拉至三楼窗口内，提拉不少于2m的机动水带，用挂钩将水带固定于窗口，持枪成立射姿势喊“好”	吊升水带	吊升过程中器材掉地该项不计成绩	10			
				1. 楼内机动水带少于2m扣10分； 2. 未用挂钩固定水带该项不计成绩	10			
				1. 未成立射姿势扣7分； 2. 未喊“好”扣3分	10			
5	安全文明操作	按国家或企业颁发有关安全规定执行操作		每违反一项规定从总分中扣10分，严重违规取消考试资格				
6	考核时限	45s		超过45s本科目不计成绩				
合计					100			

考评员： 记录员： 复核人：

二十四、攀登挂钩梯操作

1. 考核安全要求

（1）必须穿戴个人防护用品。
（2）选择符合要求的场地。
（3）做好安全检查和自我防护交底。
（4）人员和设备、器材符合安全要求。
（5）爱护器材，严格按照操作规程操作。

2. 准备要求

（1）个人防护用品与工具、器材准备：

序　号	名　称	规　格	数　量	备　注
1	训练塔		1 座	
2	挂钩梯	4. 1m	1 部	
3	安全绳	长 35m	1 根	
4	消防头盔		1 顶	
5	消防安全带		1 条	
6	防坠器		1 套	

（2）场地准备：
在训练塔前 32m 处标出起点线，在训练塔顶固定好防坠器一个，二楼、三楼、四楼各安排一名保护人员。

3. 操作程序说明

（1）检查器材。
（2）持梯跑。
（3）挂梯攀二楼。
（4）挂梯攀三楼。
（5）挂梯攀四楼。
（6）收操。

4. 考核规定说明

（1）违章操作，停止考核。

(2) 考核采用百分制，考核项目得分按鉴定比重进行折算。
(3) 考核方式为实操考评。
(4) 本科目主要检验操作人员对攀登挂钩梯掌握的熟练程度。

5. 考核时限

(1) 准备时间：1min(不计入考核时间)。
(2) 操作时间：50s。
(3) 提前完成不加分，超时停止操作。

6. 评分记录表

攀登挂钩梯操作评分记录表

考评日期：　　　　考核人员：　　　　操作用时：

序号	考核内容	操作规程	评分要素	评分标准	配分	扣分	得分	备注
1	准备工作	工具用具准备，梯脚与起点线并齐	检查器材	1. 未检查扣10分； 2. 梯脚未与起点线并齐扣10分	20			
2	持梯 挂梯 攀梯 上二楼	听到“开始”口令，右手抓挂钩梯第五蹬，举起挂钩梯跑向训练塔，双手翻梯，挂在一楼窗台上，逐级攀登上二楼，站在窗台上，成下蹲姿势	操作动作	1. 持梯动作错误扣5分； 2. 单手翻梯扣5分； 3. 梯钢外露3个齿扣5分； 4. 未逐级攀登扣5分； 5. 未成下蹲姿势扣5分	25			
3	提梯 打挂钩 攀三楼	辅助人员挂好防坠器安全钩，操作人员迅速向上提起挂钩梯，左手抓住窗户上沿，右手挂好挂钩梯攀登至三楼窗台	安全防护 挂梯方式	1. 安全钩未挂好扣10分； 2. 左手未抓窗户扣10分； 3. 梯钢外露3个齿该项不计成绩	20			
4	提梯 挂梯 攀登 上四楼	成下蹲姿势提起挂钩梯迅速挂至四楼窗台，攀爬至四楼窗台，举手示意喊“好”	安全防护	1. 头盔掉落未重新拾起扣5分； 2. 鞋脱落未重新拾起扣5分； 3. 梯钢外露3个齿扣5分； 4. 攀至四楼直接跳入窗户扣10分	25			
5	收操	下拉防坠器安全绳，取下安全钩，进入四楼，吊下挂钩梯，返回地面将挂钩梯放置在起点线	收器材	1. 未拉下安全绳跳入楼内扣5分； 2. 器材没有回原位扣5分	10			
6	安全文明操作	按国家或企业颁发有关安全规定执行操作		每违反一项规定从总分中扣10分，严重违规取消考试资格				
7	考核时限	40s		超过40s本科目不计成绩				
合　计					100			

考评员：　　　　记录员：　　　　复核人：

二十五、双人攀登 6m 拉梯操作

1. 考核安全要求

（1）必须穿戴个人防护用品。
（2）选择符合要求的场地。
（3）做好安全检查和自我防护交底。
（4）人员和设备、器材符合安全要求。
（5）爱护器材，严格按照操作规程操作。

2. 准备要求

（1）个人防护用品与工具、器材准备：

序　号	名　称	规　格	数　量	备　注
1	6m 拉梯	6m	1 架	
2	安全绳	长 35m	1 根	
3	消防头盔		1 顶	
4	消防安全带		1 条	
5	训练塔		1 座	

（2）场地准备：
在长 32m，宽 2.5m 场地上，标出起点线、竖梯区。

3. 操作程序说明

（1）检查准备。
（2）竖梯。
（3）架梯。
（4）攀梯。

4. 考核规定说明

（1）违章操作，停止考核。
（2）考核采用百分制，考核项目得分按鉴定比重进行折算。
（3）考核方式为实操考评。
（4）本科目主要检验操作人员对 6m 拉梯攀登掌握的熟练程度。

5. 考核时限

（1）准备时间：1min（不计入考核时间）。

（2）操作时间：17s。

（3）提前完成不加分，超时停止操作。

6. 评分记录表

双人攀登 6m 拉梯操作评分记录表

考评日期： 考核人员： 操作用时：

序号	考核内容	操作规程	评分要素	评分标准	配分	扣分	得分	备注
1	准备工作	操作人员在起点线佩戴消防头盔，扎消防安全带，检查器材	准备器材	1. 未检查器材扣 5 分； 2. 未在起点线扣 5 分； 3. 未戴或未拉紧头盔扣 5 分； 4. 未扎紧安全带扣 5 分	20			
2	竖梯	听到“开始”口令，两人提梯上肩，跑向训练塔	持、竖、锁梯	拉梯未上肩扣 10 分	10			
		在竖梯区将梯子竖起、锁死		1. 未在竖梯区竖梯扣 15 分； 2. 拉梯未拉起扣 5 分； 3. 内梯未锁牢扣 10 分	30			
3	架梯	将拉梯架在第二层窗台，梯梁不得越出窗框，拉梯上端超出窗台不少于三个梯磴	架梯	1. 梯梁超出窗框扣 10 分； 2. 内梯低于窗台三个梯磴扣 10 分	20			
4	攀梯	一人扶梯，一人逐级攀登跃入二层窗口，双脚着地，面向窗外喊“好”	攀登	1. 拉梯未扶稳攀登扣 10 分； 2. 未逐级攀登扣 5 分； 3. 双脚未着地喊“好”扣 5 分	20			
5	安全文明操作	按国家或企业颁发有关安全规定执行操作		每违反一项规定从总分中扣 10 分，严重违规取消考试资格				
6	考核时限	17s		超过 17s 本科目不计成绩				
合计					100			

考评员： 记录员： 复核人：

二十六、百米消防障碍操作

1. 考核安全要求

（1）必须穿戴个人防护用品。
（2）选择符合要求的场地。
（3）做好安全检查和自我防护交底。
（4）人员和设备、器材符合安全要求。
（5）爱护器材，严格按照操作规程操作。

2. 准备要求

（1）个人防护用品与工具、器材准备：

序　号	名　称	规　格	数　量	备　注
1	水带	长 20m，ϕ65mm	4 盘	
2	分水器		1 个	
3	水枪	ϕ19mm	2 把	
4	消防头盔		1 顶	
5	消防安全带		1 条	
6	板障	2m×2m	1 个	
7	独木桥	长 9. 6m	1 座	

（2）场地准备：
在长 100m、宽 2. 5m 场地上，标出起点线、水带放置线、分水器放置线、终点线。

3. 操作程序说明

（1）准备工作。
（2）翻越板障。
（3）持水带通过独木桥。
（4）连接水带、分水器。
（5）连接水枪，到达终点线。

4. 考核规定说明

（1）违章操作，停止考核。
（2）考核采用百分制，考核项目得分按鉴定比重进行折算。

(3) 考核方式为实操考评。
(4) 本科目主要检验操作人员对百米消防障碍操的熟练程度。

5. 考核时限

(1) 准备时间：1min(不计入考核时间)。
(2) 操作时间：30s。
(3) 提前完成不加分，超时停止操作。

6. 评分记录表

百米消防障碍操操作评分记录表

考评日期： 考核人员： 操作用时：

序号	考核内容	操作规程	评分要素	评分标准	配分	扣分	得分	备注
1	准备工作	戴头盔，扎消防安全带，携带水枪	防护	1. 未戴消防头盔扣5分； 2. 未扎消防安全带扣5分； 3. 未携带水枪该项不计成绩	10			
2	翻越板障	听到"开始"口令，跑至消防板障前左脚(右脚)蹬板障，双手抓住板障顶端，撑起身体，腹部贴于板障顶端，右手(左手)反握板障顶端，身体前倾，重心向下，右手(左手)推板障，双脚落地身体向前	翻越板障	1. 翻越板障时使用板障支架此项不计成绩； 2. 未翻越板障此项不计成绩； 3. 未双手抓住板障顶端扣5分； 4. 未撑起身体扣5分； 5. 腹部未贴于板障顶端扣5分； 6. 未反握板障顶端扣5分； 7. 未推板障扣5分； 8. 头盔掉落扣5分	30			
3	过独木桥	跑至水带放置线，携两盘水带通过独木桥	过独木桥	1. 器材掉落扣20分； 2. 从独木桥限界线掉落，未重新从前踏板通过独木桥，该项不计成绩	20			
4	水带连接	甩开一盘水带，连接分水器，连接第二盘水带；跑动中连接水枪；到达终点线，成立射姿势喊"好"	铺设连接	1. 未甩开水带扣10分； 2. 未连接水带或分水器扣10分； 3. 卡扣脱扣，该项不计成绩； 4. 未连接水枪扣10分； 5. 未成立射姿势扣10分	40			
5	安全文明操作	按国家或企业颁发有关安全规定执行操作		每违反一项规定从总分中扣10分，严重违规取消考试资格				
6	考核时限	30s		超过30s本科目不计成绩				
合计					100			

考评员： 记录员： 复核人：

二十七、楼层垂直铺设水带操作

1. 考核安全要求

(1) 必须穿戴个人防护用品。
(2) 选择符合要求的场地。
(3) 做好安全检查和自我防护交底。
(4) 人员和设备、器材符合安全要求。
(5) 爱护器材，严格按照操作规程操作。

2. 准备要求

(1) 个人防护用品与工具、器材准备：

序　号	名　称	规　格	数　量	备　注
1	水带	ϕ65mm	2 盘	
2	分水器		1 个	
3	水带挂钩		1 个	
4	安全绳		1 根	
5	安全钩		1 个	
6	消防头盔		1 顶	
7	消防安全带		1 条	
8	消防战斗服		1 套	
9	消防靴		1 双	

(2) 场地准备：
消防训练专用场地，训练塔前 10m 处标出起点线，训练塔四楼准备好用于保护操作人员的安全绳、安全钩。

3. 操作程序说明

(1) 准备器材。
(2) 携水带攀登四楼。
(3) 连接安全绳。
(4) 垂直铺设水带。
(5) 固定水带。
(6) 辅助人员连接水带，操作分水器。

4. 考核规定说明

(1) 违章操作，停止考核。

(2) 考核采用百分制，考核项目得分按鉴定比重进行折算。

(3) 考核方式为实操考评。

(4) 本科目主要检验操作人员对楼层垂直铺设水带的熟练程度。

5. 考核时限

(1) 准备时间：60s(不计入考核时间)。

(2) 操作时间：40s。

(3) 提前完成操作不加分，超时停止操作。

6. 评分记录表

楼层垂直铺设水带操作评分记录表

考评日期：　　　　考核人员：　　　　操作用时：

序号	考核内容	操作规程	评分要素	评分标准	配分	扣分	得分	备注
1	准备工作	着战斗服、消防头盔、消防安全带、消防战斗靴，携水带挂钩、水带在起点线立正	器材准备	1. 个人装备不全扣5分； 2. 器材携带不全扣5分； 3. 未在起点线立正扣5分	15			
2	沿楼梯攀至四楼挂安全绳	听到“开始”口令，携一盘水带沿楼梯冲至四楼，放下水带，连接安全绳	攀登保护	1. 未携带水带扣5分； 2. 停错楼层扣5； 3. 攀楼时水带散落扣5分； 4. 未携带水带挂钩5分	20			
				未连好安全绳保护扣15分	15			
3	垂直铺设水带	1. 双手抓住水带抛出窗外，将一端接口踩于脚下，上体探出窗口，双手交替将水带另一端接口向下传递送至地面，利用水带挂钩固定水带； 2. 辅助人员从起点线甩开一盘水带，连接分水器、水带，向楼上人员示意连接完成，操作人员举手示意喊“好”	操作要领	1. 未双手抓水带抛出窗外扣10分； 2. 未将水带一端踩于脚下扣10分。 3. 未用双手交替法传送水带扣10分； 4. 水带接口未传送至地面撒手扣5分； 5. 未用水带挂钩固定水带扣10分； 6. 连接未完成喊“好”扣5分； 7. 操作过程中器材掉落该项不得分	50			
4	安全文明操作	按国家或企业颁发有关安全规定执行操作		每违反一项规定从总分中扣10分，严重违规取消考试资格				
5	考核时限	40s		超过40s该科目不计成绩				
合计					100			

考评员：　　　　记录员：　　　　复核人：

高级工

附表三　考核要素及技能要求(高级工)

考核范围	考核内容	考核比重	技能要求	备　注
消防准备	着避火服佩戴空气呼吸器	5%	能够识别防护装备种类、用途、使用规范，正确穿戴消防员基本防护装备和操作使用正压式空气呼吸器	
基础操作	1. 金属切割机操作； 2. 移动排烟设备操作； 3. 干粉车喷射灭火剂操作； 4. 单套腰结结绳法； 5. 附带连结结绳法； 6. 蝴蝶结结绳法； 7. 卷结结绳法； 8. 锚结结绳法； 9. 捻结结绳法； 10. 三套腰结结绳法； 11. 双半结结绳法； 12. 双股8字结结绳法； 13. 双重连结结绳法； 14. 单绳椅子扣救人结绳法； 15. 双平结结绳法	50%	1. 掌握破拆装备的性能参数、用途及注意事项，能够按照安全操作规程，熟练操作机动链锯； 2. 掌握排烟设备的性能参数、用途及注意事项，能够按照安全操作规程，熟练操作排烟设备； 3. 掌握干粉消防车性能参数、用途及注意事项，能够掌握干粉车出粉流程和操作步骤； 4. 能够熟练结绳，掌握结绳法的实际应用	
过程操作	1. 一人三盘水带连接； 2. 吸水管吸水； 3. 利用水带自救； 4. 沿6m拉梯铺设水带； 5. 攀登15m金属拉梯	45%	1. 能够识别水带、分水器及供水线路附件，掌握水带、分水器、水枪连接方法； 2. 掌握消防车吸水管的构成，能够正确连接； 3. 能够利用水带进行高空划降自救； 4. 掌握6m拉梯的组成、性能、用途及架设和攀登要领以及检查维护保养，能够沿楼梯铺设水带的操作方法、要求和注意事项； 5. 掌握15m拉梯的组成、性能、用途及架设和攀登要领以及检查维护保养，能能够按照安全操作规程进行登高作业	

二十八、着避火服佩戴空气呼吸器操作

1. 考核安全要求

（1）必须穿戴个人防护用品。

（2）选择符合要求的场地。

（3）做好安全检查和自我防护交底。

（4）人员和设备、器材符合安全要求。

（5）爱护器材，严格按照操作规程操作。

2. 准备要求

个人防护用品与工具、器材准备：

序 号	名 称	规 格	数 量	备 注
1	空气呼吸器	正压式	1具	
2	消防训练垫		1个	
3	避火服		1套	

3. 操作程序说明

（1）准备器材。

（2）佩戴空气呼吸器。

（3）着避火服。

4. 考核规定说明

（1）违章操作，停止考核。

（2）考核采用百分制，考核项目得分按鉴定比重进行折算。

（3）考核方式为实操考评。

（4）本科目主要检验操作人员对着避火服佩戴空气呼吸器的熟练程度。

5. 考核时限

（1）准备时间：2min（不计入考核时间）。

（2）操作时间：90s。

（3）提前完成不加分，超时停止操作。

6. 评分记录表

着避火服佩戴空气呼吸器操作评分记录表

考评日期： 考核人员： 操作用时：

序号	考核内容	操作规程	评分要素	评分标准	配分	扣分	得分	备注
1	准备工作	听到“准备器材”口令，将避火服、空气呼吸器，摆放在训练垫上	检查整理	器材准备检查不到位扣5分	5			
2	穿下装靴子	听到“开始”口令，双手抓避火服裤子两侧提于腰际，拉好背带，穿好靴子，靴腰置于裤腿内	操作要求	1. 未按要求操作扣5分； 2. 双脚未踏到靴底扣5分； 3. 靴腰未置于裤腿内扣5分； 4. 背带损坏扣5分	20			
3	佩戴空气呼吸器	右手提起空气呼吸器右侧肩带，左手伸进左侧肩带同时右手伸进右侧肩带，背好空气呼吸器，调整肩带，扣牢腰带，打开气瓶开关	佩戴空气呼吸器	1. 左脚未向前一步扣2分； 2. 右膝未跪地扣3分； 3. 右手未提起空气呼吸器右侧肩带扣5分	10			
				1. 左手未按规定伸入肩带扣5分； 2. 右手未按规定伸入肩带扣5分	10			
				1. 未调整肩带长度扣3分； 2. 未扣牢腰带扣2分	5			
4	穿避火服上装	双手抓住避火服领口两边，用力甩过头顶罩住空气呼吸器，粘口对齐、粘牢，钩扣扣牢，重叠部分盖严	着装要求	1. 未抓衣服领口扣5分； 2. 未包裹严空气呼吸器扣5分； 3. 重叠部分未盖严5分； 4. 上衣粘扣未对齐、粘牢扣5分	20			
5	建立呼吸戴上头罩	带上面罩，拉紧束带，建立呼吸，带上头罩，固定好，戴上手套，套进袖管内，扎紧袖口。举手示意“好”	操作规程	1. 面罩束带未拉紧漏气扣10分； 2. 供给阀未启动扣5分； 3. 头罩未固定好扣5分； 4. 手套未扎入衣袖内扣5分； 5. 未举手示意“好”扣5分	30			
6	安全文明操作	按国家或企业颁发有关安全规定执行操作		每违反一项规定从总分中扣10分，严重违规取消考试资格				
7	考核时限	90s		超过90s本科目不计成绩				
合　计					100			

考评员： 记录员： 复核人：

二十九、金属切割机操作

1. 考核安全要求

(1) 必须穿戴个人防护用品。
(2) 选择符合要求的场地。
(3) 做好安全检查和自我防护交底。
(4) 人员和设备、器材符合安全要求。
(5) 爱护器材，严格按照操作规程操作。

2. 准备要求

个人防护用品与工具、器材准备：

序号	名称	规格	数量	备注
1	金属切割机		1台	
2	消防头盔		1顶	
3	消防手套		1副	
4	消防安全带		1条	

3. 操作程序说明

(1) 准备器材。
(2) 开启开关。
(3) 卸防护罩。
(4) 发动机器。
(5) 收操。

4. 考核规定说明

(1) 违章操作，停止考核。
(2) 考核采用百分制，考核项目得分按鉴定比重进行折算。
(3) 考核方式为实操考评。
(4) 本科目主要检验操作人员对操作金属切割机的熟练程度。

5. 考核时限

(1) 准备时间：2min(不计入考核时间)。

（2）操作时间：14s。

（3）提前完成不加分，超时停止操作。

6. 评分记录表

金属切割机操作评分记录表

考评日期： 考核人员： 操作用时：

序号	考核内容	操作规程	评分要素	评分标准	配分	扣分	得分	备注
1	准备工作	听到“准备器材”口令，戴好手套，将金属切割机放在操作线处，切割片向前，后端手柄与操作线相齐，在起点线立正	器材准备	1. 未戴头盔、手套扣5分； 2. 未把切割机放在操作线处扣1分； 3. 切割片未向前扣4分； 4. 后端手柄未与操作线并齐扣3分； 5. 未返回起点线扣5分； 6. 未立正扣2分	20			
2	开启开关卸防护罩	听到“开始”口令，跑至操作线处开启金属切割机电源开关，卸下切割片防护罩	操作内容	未开启开关扣10分	10			
				未卸下切割片防护罩扣10分	10			
3	发动机器	右脚踩后端手柄孔，左手握前端手柄，右手拉启动拉绳，发动机器，拉下头盔面罩	操作程序动作要领	1. 手握或脚踏的方位错误扣7分； 2. 未拉下头盔面罩扣3分	10			
		右手握住后端手柄，两脚前后站立，上体微向前倾，双手持金属切割机		1. 右手未握后端手柄扣3分； 2. 两脚站立姿势错误扣2分； 3. 上体未向前倾扣3分； 4. 未双手持切割机扣2分	10			
		右手掌按下油门开关，食指控制油门，使切割片加速运转		未按要求加速扣10分	10			
		操作完成喊“好”		未喊“好”扣10分	10			
4	收操	听到“收操”口令，关闭开关，停机，收起器材，放回原处，成立正姿势		1. 未关闭开关使机器熄火扣10分； 2. 未收器材放回原处扣5分； 3. 未成立正姿势扣5分	20			
5	安全文明操作	按国家或企业颁发有关安全规定执行操作		违反一项规定从总分中扣10分，严重违规取消考试资格				
6	考核时限	14s		超过14s本科目不计成绩				
合　计					100			

考评员： 记录员： 复核人：

三十、移动排烟设备操作

1. 考核安全要求

（1）必须穿戴个人防护用品。
（2）选择符合要求的场地。
（3）做好安全检查和自我防护交底。
（4）人员和设备、器材符合安全要求。
（5）爱护器材，严格按照操作规程操作。

2. 准备要求

个人防护用品与工具、器材准备：

序　号	名　称	规　格	数　量	备　注
1	移动排烟机		1台	
2	消防头盔		1顶	
3	消防手套		1副	
4	消防安全带		1条	

3. 操作程序说明

（1）检查准备。
（2）发动设备。
（3）收操。

4. 考核规定说明

（1）违章操作，停止考核。
（2）考核采用百分制，考核项目得分按鉴定比重进行折算。
（3）考核方式为实操考评。
（4）本科目主要检验操作人员对移动排烟设备操作的熟练程度。

5. 考核时限

（1）准备时间：1min（不计入考核时间）。
（2）操作时间：1min。
（3）提前完成不加分，超时停止操作。

6. 评分记录表

移动排烟设备操作评分记录表

考评日期：　　　　　　　　考核人员：　　　　　　　　操作用时：

序号	考核内容	操作规程	评分要素	评分标准	配分	扣分	得分	备注
1	准备工作	听到“准备器材”口令，戴好手套、头盔，检查扇叶	器材准备	1. 未戴手套扣5分； 2. 未戴头盔扣5分； 3. 扇叶松动扣10分； 4. 风扇内有杂物扣10分	30			
2	发动机器	听到“开始”口令，跑至操作线处，打开排烟机开关	操作程序动作要领	未开启开关扣10分	10			
		打开燃油旋塞		未打开燃油旋塞扣10分	10			
		把排烟机吸气阀杆转至关		吸气阀杆未转至关闭扣10分	10			
		牵拉起动器柄直到经过压缩点(感到有阻力)使柄回到起始位置，迅速拉动，启动设备		未按要求启动扣10分	10			
		操作完成喊“好”		未喊“好”扣10分	10			
3	收操	听到“收操”口令，关闭开关，停机，成立正姿势	停机操作	1. 未关闭开关使机器熄火扣10分； 2. 未收器材放回原处扣5分； 3. 未成立正姿势扣5分	20			
4	安全文明操作	按国家或企业颁发有关安全规定执行操作		违反一项规定从总分中扣10分，严重违规取消考试资格				
5	考核时限	1min		超过1min本科目不计成绩				
合计					100			

考评员：　　　　　　　　记录员：　　　　　　　　复核人：

三十一、干粉车喷射灭火剂操作

1. 考核安全要求

（1）必须穿戴个人防护用品。
（2）选择符合要求的场地。
（3）做好安全检查和自我防护交底。
（4）人员和设备、器材符合安全要求。
（5）爱护器材，严格按照操作规程操作。

2. 准备要求

个人防护用品与工具、器材准备：

序　号	名　称	规　格	数　量	备　注
1	干粉车	东风 153	1 台	
2	消防战斗服		1 套	
3	消防头盔		1 顶	
4	消防安全带		1 条	
5	消防靴		1 双	

3. 操作程序说明

（1）准备工作。
（2）干粉炮出粉操作。
（3）干粉管线吹扫。

4. 考核规定说明

（1）违章操作，停止考核。
（2）考核采用百分制，考核项目得分按鉴定比重进行折算。
（3）考核方式为实操考评。
（4）本科目主要检验操作人员对干粉车喷射灭火剂操作的熟练程度。

5. 考核时限

（1）准备时间：2min（不计入考核时间）。
（2）操作时间：3min。

(3) 提前完成不加分，超时停止操作。

6. 评分记录表

干粉车喷射灭火剂操作评分记录表

考评日期：　　　　考核人员：　　　　操作用时：

序号	考核内容	操作规程	评分要素	评分标准	配分	扣分	得分	备注
1	准备工作	检查干粉管路无堵塞、通畅，出粉、干粉枪、干粉炮开关有效灵活，处于关闭状态	检查阀组	一项未检查该项不计成绩	10			
		检查氮气管路，充气、截止、减压、进气阀开关有效，处于关闭状态		一项未检查该项不计成绩	10			
		检查吹扫管路无堵塞、通畅，吹扫、干粉放余气阀门开关是否有效，处于关闭状态		一项未检查该项不计成绩	10			
2	干粉炮出粉操作	听到“开始”口令，打开相邻的四个氮气瓶，打开截止阀。	出粉操作	1. 氮气瓶打开少于四个扣5分； 2. 未打开截止阀扣5分	10			
		顺时针调整减压阀出口压力至1.2MPa		压力未达到1.2MPa扣5分	5			
		打开干粉罐进气阀充气		未打开进气阀充气扣5分	5			
		打开干粉炮固定装置，调整角度		未调整干粉炮扣10分	10			
		减压阀低压压力表与干粉罐压力表压力相等时，打开干粉炮出粉球阀，出粉喊“好”		减压阀压力与干粉罐压力未相等时，打开干粉炮出粉球阀该项不计成绩	10			
3	收操	听到“收操”口令，关闭炮出粉、罐进气阀门，复位干粉炮；吹扫完成后，关闭氮气瓶开关、截止阀、减压阀、吹扫阀门；打开罐排气阀，放尽干粉罐内余气，完成后关闭排气阀门	吹扫放尽余气	1. 未关闭炮出粉、罐进气阀门扣5分； 2. 未将干粉炮复位扣5分； 3. 未开吹扫阀扣5分； 4. 氮气瓶、截止阀、减压阀、吹扫阀一项未关闭扣5分； 5. 未打开罐排气阀扣5分； 6. 余气放完未关闭排气阀扣5分	30			
4	安全文明操作	按国家或企业颁发有关安全规定执行操作		每违反一项规定从总分中扣10分，严重违规取消考试资格				
5	考核时限	3min		超过3min本科目不计成绩				
	合计				100			

考评员：　　　　记录员：　　　　复核人：

三十二、单套腰结结绳法操作

1. 考核安全要求

(1) 必须穿戴个人防护用品。
(2) 选择符合要求的场地。
(3) 做好安全检查和自我防护交底。
(4) 人员和设备、器材符合安全要求。
(5) 爱护器材，严格按照操作规程操作。

2. 准备要求

(1) 个人防护用品与工具、器材准备：

序　号	名　称	规　格	数　量	备　注
1	安全绳	长 25m	1 根	
2	结绳法训练装置		1 套	

(2) 场地准备：
消防训练专用场地，场地平整无干扰。

3. 操作程序说明

(1) 准备工作。
(2) 单套腰结结绳。

4. 考核规定说明

(1) 违章操作，停止考核。
(2) 考核采用百分制，考核项目得分按鉴定比重进行折算。
(3) 考核方式为实操考评。
(4) 本科目主要检验操作人员对单套腰结结绳法掌握的熟练程度。
(5) 该项如有多种操作方法，以推荐方法为准。

5. 考核时限

(1) 准备时间：10s(不计入考核时间)。
(2) 操作时间：15s。
(3) 提前完成不加分，超时停止操作。

6. 评分记录表

单套腰结结绳法操作评分记录表

考评日期：　　　　　　　　考核人员：　　　　　　　　操作用时：

序号	考核内容	操作规程	评分要素	评分标准	配分	扣分	得分	备注
1	准备工作	听到“准备器材”口令，整理绳索，在起点线立正	器材准备	未整理安全绳扣 10 分	10			
2	单套腰结结绳法	听到“开始”口令，将安全绳一端绕过物体，压住主绳绕一周，从环内穿出，拉紧副绳；副绳从主绳下面绕一周，从绳环内穿出拉紧，打半结加固；绳结要工整，绳尾 10cm 以上	绳结制作	未绕过物体扣 10 分	10			
				未压住主绳绕一周，从环内穿出扣 10 分	10			
				未拉紧副绳扣 10 分	10			
				副绳未绕主绳一周扣 10 分	10			
				未从绳环内穿出拉紧扣 10 分	10			
				未打半结加固扣 10 分	10			
				未收紧绳索扣 10 分	10			
				绳结不工整扣 10 分	10			
				绳尾不够 10cm 以上的扣 10 分	10			
3	安全文明操作	按国家或企业颁发有关安全规定执行操作		每违反一项规定从总分中扣 10 分，严重违规取消考试资格				
4	考核时限	15s		超过 15s 本科目不计成绩				
合　计					100			

考评员：　　　　　　　　记录员：　　　　　　　　复核人：

三十三、附带连结结绳法操作

1. 考核安全要求

(1) 必须穿戴个人防护用品。
(2) 选择符合要求的场地。
(3) 做好安全检查和自我防护交底。
(4) 人员和设备、器材符合安全要求。
(5) 爱护器材，严格按照操作规程操作。

2. 准备要求

(1) 个人防护用品与工具、器材准备：

序　号	名　称	规　格	数　量	备　注
1	安全绳	长 25m	1 根	
2	结绳法训练装置		1 套	

(2) 场地准备：
消防训练专用场地，场地平整无干扰。

3. 操作程序说明

(1) 准备工作。
(2) 附带连结结绳。

4. 考核规定说明

(1) 违章操作，停止考核。
(2) 考核采用百分制，考核项目得分按鉴定比重进行折算。
(3) 考核方式为实操考评。
(4) 本科目主要检验操作人员对附带连结结绳法掌握的熟练程度。

5. 考核时限

(1) 准备时间：10s(不计入考核时间)。
(2) 操作时间：15s。
(3) 提前完成不加分，超时停止操作。

6. 评分记录表

附带连结结绳法操作评分记录表

考评日期： 考核人员： 操作用时：

序号	考核内容	操作规程	评分要素	评分标准	配分	扣分	得分	备注
1	准备工作	听到“准备器材”口令，整理绳索，在起点线立正	器材准备	未整理安全绳扣10分	10			
2	附带连结结绳法	听到“开始”口令，两手抓握绳索两端，两手交叉，用左手绳索压右手绳索，左手绳头绕右绳一圈；再用右绳索压左手绳索，右手绳头绕左绳一圈，收紧绳结，分别用绳头在绳索两端打半结加固（双平结）。将两边绳索分别折成两股，方法同上打双股双平结	绳结制作	1. 未用左手绳索压右手绳索扣10分； 2. 左手绳头未绕右绳一圈扣10分	20			
				1. 未用右绳索压左手绳索扣10分； 2. 右手绳头未绕左绳一圈扣10分	20			
				绳结未收紧扣10分	10			
				未打半结加固扣10分	10			
				1. 未将两边绳索折成两股扣10分； 2. 双股双平结结绳错误扣10分	20			
				绳结不工整扣10分	10			
3	安全文明操作	按国家或企业颁发有关安全规定执行操作		每违反一项规定从总分中扣10分，严重违规取消考试资格				
4	考核时限	15s		超过15s本科目不计成绩				
合计					100			

考评员： 记录员： 复核人：

三十四、蝴蝶结结绳法操作

1. 考核安全要求

（1）必须穿戴个人防护用品。
（2）选择符合要求的场地。
（3）做好安全检查和自我防护交底。
（4）人员和设备、器材符合安全要求。
（5）爱护器材，严格按照操作规程操作。

2. 准备要求

（1）个人防护用品与工具、器材准备：

序　号	名　称	规　格	数　量	备　注
1	安全绳	长 25m	1 根	
2	结绳法训练装置		1 套	

（2）场地准备：
消防训练专用场地，场地平整无干扰。

3. 操作程序说明

（1）准备工作。
（2）蝴蝶结结绳。

4. 考核规定说明

（1）违章操作，停止考核。
（2）考核采用百分制，考核项目得分按鉴定比重进行折算。
（3）考核方式为实操考评。
（4）本科目主要检验操作人员对蝴蝶结结绳法掌握的熟练程度。

5. 考核时限

（1）准备时间：10s（不计入考核时间）。
（2）操作时间：15s。
（3）提前完成不加分，超时停止操作。

6. 评分记录表

蝴蝶结结绳法操作评分记录表

考评日期： 考核人员： 操作用时：

序号	考核内容	操作规程	评分要素	评分标准	配分	扣分	得分	备注
1	准备工作	听到"准备器材"口令，整理绳索，在起点线立正	器材准备	未整理安全绳扣10分	10			
2	蝴蝶结结绳法	听到"开始"口令，将绳索一端放在左手掌上母指张开，四指并拢，右手取绳索一端环绕左手两圈，第二圈绕两绳中间；拿起指尖方向第一圈的绳索穿，从其余两根绳索下方穿过，用右手提起，左手握住悬垂的两根绳拉紧；绳结要工整，绳尾10cm以上	绳结制作	未将绳索放在手掌上扣10分	10			
				未环绕左手两圈扣10分	10			
				第二圈未绕两绳中间扣10分	10			
				第一圈的绳索未从其余两根绳索下方穿过扣10分	10			
				右手未提起绳索扣10分	10			
				未收紧绳索扣10分	10			
				绳结不工整扣15分	15			
				绳尾不够10cm以上扣15分	15			
3	安全文明操作	按国家或企业颁发有关安全规定执行操作		每违反一项规定从总分中扣10分，严重违规取消考试资格				
4	考核时限	15s		超过15s本科目不计成绩				
合计					100			

考评员： 记录员： 复核人：

三十五、卷结结绳法操作

1. 考核安全要求

（1）必须穿戴个人防护用品。
（2）选择符合要求的场地。
（3）做好安全检查和自我防护交底。
（4）人员和设备、器材符合安全要求。
（5）爱护器材，严格按照操作规程操作。

2. 准备要求

（1）个人防护用品与工具、器材准备：

序　号	名　称	规　格	数　量	备　注
1	安全绳	长 25m	1 根	
2	结绳法训练装置		1 套	

（2）场地准备：
消防训练专用场地，场地平整无干扰。

3. 操作程序说明

（1）准备工作。
（2）卷结结绳。

4. 考核规定说明

（1）违章操作，停止考核。
（2）考核采用百分制，考核项目得分按鉴定比重进行折算。
（3）考核方式为实操考评。
（4）本科目主要检验操作人员对卷结结绳法掌握的熟练程度。
（5）该项如有多种操作方法，以推荐方法为准。

5. 考核时限

（1）准备时间：10s（不计入考核时间）。
（2）操作时间：15s。
（3）提前完成不加分，超时停止操作。

6. 评分记录表

卷结结绳法操作评分记录表

考评日期：　　　　考核人员：　　　　操作用时：

序号	考核内容	操作规程	评分要素	评分标准	配分	扣分	得分	备注
1	准备工作	听到“准备器材”口令，整理绳索，在起点线立正	器材准备	未整理安全绳扣10分	10			
2	卷结结绳法	听到“开始”口令，左手握住安全绳长端，右手握住安全绳末端，在固定物体上将绳子末端盘绕一周，压住主绳再绕物体一周，从绳环交叉处中间穿出，收紧绳索；打半结加固	绳结制作	左手未握住安全绳长端扣10分	10			
				右手未握住安全绳末端扣10分	10			
				未在固定物体绕一周扣10分	10			
				未压住主绳绕一周扣10分	10			
				未从绳环交叉处中间穿出扣20分	20			
				未收紧绳索扣10分	10			
				未打半结加固扣20分	20			
3	安全文明操作	按国家或企业颁发有关安全规定执行操作		每违反一项规定从总分中扣10分，严重违规取消考试资格				
4	考核时限	15s		超过15s本科目不计成绩				
合　计					100			

考评员：　　　　记录员：　　　　复核人：

三十六、锚结结绳法操作

1. 考核安全要求

（1）必须穿戴个人防护用品。
（2）选择符合要求的场地。
（3）做好安全检查和自我防护交底。
（4）人员和设备、器材符合安全要求。
（5）爱护器材，严格按照操作规程操作。

2. 准备要求

（1）个人防护用品与工具、器材准备：

序 号	名 称	规 格	数 量	备 注
1	安全绳	长 25m	1 根	
2	结绳法训练装置		1 套	

（2）场地准备：
消防训练专用场地，场地平整无干扰。

3. 操作程序说明

（1）准备工作。
（2）锚结结绳。

4. 考核规定说明

（1）违章操作，停止考核。
（2）考核采用百分制，考核项目得分按鉴定比重进行折算。
（3）考核方式为实操考评。
（4）本科目主要检验操作人员对锚结结绳法掌握的熟练程度。

5. 考核时限

（1）准备时间：10s（不计入考核时间）。
（2）操作时间：15s。
（3）提前完成不加分，超时停止操作。

6. 评分记录表

锚结结绳法操作评分记录表

考评日期： 考核人员： 操作用时：

序号	考核内容	操作规程	评分要素	评分标准	配分	扣分	得分	备注
1	准备工作	听到"准备器材"口令，整理绳索，在起点线立正	器材准备	未整理安全绳扣10分	10			
2	锚结结绳法	听到"开始"口令，左手握住安全绳长端，右手握住安全绳末端，在固定物体上将绳子末端盘绕两周，将副绳绕过主绳从固定物上的两个绳圈下穿过；收紧绳索；在主绳上打半结加固	绳结制作	左手未握住安全绳长端扣10分	10			
				右手未握住安全绳末端扣10分	10			
				未绕在固定物上两周扣10分	10			
				未将副绳绕过主绳扣15分	15			
				未从固定物上的两个绳圈下穿过扣15分	15			
				未收紧绳索扣10分	10			
				未打半结加固扣20分	20			
3	安全文明操作	按国家或企业颁发有关安全规定执行操作		每违反一项规定从总分中扣10分，严重违规取消考试资格				
4	考核时限	15s		超过15s本科目不计成绩				
合计					100			

考评员： 记录员： 复核人：

三十七、捻结结绳法操作

1. 考核安全要求

（1）必须穿戴个人防护用品。
（2）选择符合要求的场地。
（3）做好安全检查和自我防护交底。
（4）人员和设备、器材符合安全要求。
（5）爱护器材，严格按照操作规程操作。

2. 准备要求

（1）个人防护用品与工具、器材准备：

序 号	名 称	规 格	数 量	备 注
1	安全绳	长 25m	1 根	
2	结绳法训练装置		1 套	

（2）场地准备：
消防训练专用场地，场地平整无干扰。

3. 操作程序说明

（1）准备工作。
（2）捻结结绳。

4. 考核规定说明

（1）违章操作，停止考核。
（2）考核采用百分制，考核项目得分按鉴定比重进行折算。
（3）考核方式为实操考评。
（4）本科目主要检验操作人员对捻结结绳法掌握的熟练程度。
（5）该项如有多种操作方法，以推荐方法为准。

5. 考核时限

（1）准备时间：10s（不计入考核时间）。
（2）操作时间：15s。
（3）提前完成不加分，超时停止操作。

6. 评分记录表

捻结结绳法操作评分记录表

考评日期：　　　　　　　　　　　　考核人员：　　　　　　　　　　　　操作用时：

序号	考核内容	操作规程	评分要素	评分标准	配分	扣分	得分	备注
1	准备工作	听到"准备器材"口令，整理绳索，在起点线立正	器材准备	未整理安全绳扣10分	10			
2	捻结结绳法	听到"开始"口令，左手握住安全绳长端，右手握住安全绳末端，在固定物体上将绳子末端盘绕一周，再绕主绳一周，从环内穿出(打半结)；将剩下的绳索绕绳圈外绳三圈以上拉紧；绳结要工整	绳结制作	左手未握住安全绳长端扣10分	10			
				右手未握住安全绳末端扣10分	10			
				未绕过固定物体一周扣10分	10			
				未绕主绳一周从环内穿出扣20分	20			
				未将剩下的绳索绕绳圈外绳扣10分	10			
				未绕三圈以上扣10分	10			
				未收紧绳索扣10分	10			
				绳结不工整扣10分	10			
3	安全文明操作	按国家或企业颁发有关安全规定执行操作		每违反一项规定从总分中扣10分，严重违规取消考试资格				
4	考核时限	15s		超过15s本科目不计成绩				
合计					100			

考评员：　　　　　　　　　　　　记录员：　　　　　　　　　　　　复核人：

三十八、三套腰结结绳法操作

1. 考核安全要求

(1) 必须穿戴个人防护用品。
(2) 选择符合要求的场地。
(3) 做好安全检查和自我防护交底。
(4) 人员和设备、器材符合安全要求。
(5) 爱护器材，严格按照操作规程操作。

2. 准备要求

(1) 个人防护用品与工具、器材准备：

序　号	名　称	规　格	数　量	备　注
1	安全绳	长 25m	1 根	
2	结绳法训练装置		1 套	

(2) 场地准备：
消防训练专用场地，场地平整无干扰。

3. 操作程序说明

(1) 准备工作。
(2) 三套腰结结绳。

4. 考核规定说明

(1) 违章操作，停止考核。
(2) 考核采用百分制，考核项目得分按鉴定比重进行折算。
(3) 考核方式为实操考评。
(4) 本科目主要检验操作人员对三套腰结结绳法掌握的熟练程度。
(5) 该项如有多种操作方法，以推荐方法为准。

5. 考核时限

(1) 准备时间：10s(不计入考核时间)。
(2) 操作时间：15s。
(3) 提前完成不加分，超时停止操作。

6. 评分记录表

三套腰结结绳法操作评分记录表

考评日期：　　　　　　　　考核人员：　　　　　　　　操作用时：

序号	考核内容	操作规程	评分要素	评分标准	配分	扣分	得分	备注
1	准备工作	听到“准备器材”口令，整理绳索，在起点线立正	器材准备	未整理安全绳扣10分	10			
2	三套腰结结绳法	听到“开始”口令，将安全绳一端折成双股，长度大于2m，右手握对折处，左手与右手间距为被救者身高的2/3；在左手处副绳压主绳折一个绳圈，绳圈不宜过大；右手握住绳索对折处，自下而上穿过绳圈，从主绳下方绕主绳一周，从第一个绳圈内穿出拉紧；绳尾打半结加固；双股绳圈略小于单股绳圈；绳结要工整	绳结制作	未将安全绳一端折成双股扣5分	5			
				左手与右手间距未达到被救者身高的2/3扣5分	5			
				未在左手处副绳压主绳打一个绳圈扣5分	5			
				绳圈过大扣5分	5			
				右手握住绳索对折处，未自下而上穿过绳圈扣10分	10			
				绳索对折处未绕主绳一周扣10分	10			
				未从第一个绳圈内穿出扣10分	10			
				未打半结加固扣20分	20			
				未拉紧绳结扣10分	10			
				绳结不工整扣10分	10			
3	安全文明操作	按国家或企业颁发有关安全规定执行操作		每违反一项规定从总分中扣10分，严重违规取消考试资格				
4	考核时限	15s		超过15s本科目不计成绩				
合　计					100			

考评员：　　　　　　　　记录员：　　　　　　　　复核人：

三十九、双半结结绳法操作

1. 考核安全要求

(1) 必须穿戴个人防护用品。
(2) 选择符合要求的场地。
(3) 做好安全检查和自我防护交底。
(4) 人员和设备、器材符合安全要求。
(5) 爱护器材，严格按照操作规程操作。

2. 准备要求

(1) 个人防护用品与工具、器材准备：

序 号	名 称	规 格	数 量	备 注
1	安全绳	长 25m	1 根	
2	结绳法训练装置		1 套	

(2) 场地准备：
消防训练专用场地，场地平整无干扰。

3. 操作程序说明

(1) 准备工作。
(2) 双半结结绳。

4. 考核规定说明

(1) 违章操作，停止考核。
(2) 考核采用百分制，考核项目得分按鉴定比重进行折算。
(3) 考核方式为实操考评。
(4) 本科目主要检验操作人员对双半结结绳法掌握的熟练程度。

5. 考核时限

(1) 准备时间：10s(不计入考核时间)。
(2) 操作时间：15s。
(3) 提前完成不加分，超时停止操作。

6. 评分记录表

双半结结绳法操作评分记录表

考评日期：　　　　考核人员：　　　　操作用时：

序号	考核内容	操作规程	评分要素	评分标准	配分	扣分	得分	备注
1	准备工作	听到"准备器材"口令，整理绳索，在起点线立正	器材准备	未整理安全绳扣10分	10			
2	双半结结绳法	听到"开始"口令，左手握住安全绳长端，右手握住安全绳末端，在固定物体上将绳索末端盘绕一周；绳头从主绳上方绕主绳一周，从环中穿过；再次将绳头从主绳下方绕主绳一周，从环中穿出，收紧绳索	绳结制作	左手未握住安全绳长端扣10分	10			
				右手未握住安全绳末端扣10分	10			
				未绕固定物体一周扣10分	10			
				绳头未从主绳上方绕主绳一周扣15分	15			
				未将绳头从主绳下方绕主绳一周扣15分	15			
				未两次从绳环中穿过扣20分	20			
				未收紧绳索扣10分	10			
3	安全文明操作	按国家或企业颁发有关安全规定执行操作		每违反一项规定从总分中扣10分，严重违规取消考试资格				
4	考核时限	15s		超过15s本科目不计成绩				
合　计					100			

考评员：　　　　记录员：　　　　复核人：

四十、双股 8 字结结绳法操作

1. 考核安全要求

（1）必须穿戴个人防护用品。
（2）选择符合要求的场地。
（3）做好安全检查和自我防护交底。
（4）人员和设备、器材符合安全要求。
（5）爱护器材，严格按照操作规程操作。

2. 准备要求

（1）个人防护用品与工具、器材准备：

序　号	名　称	规　格	数　量	备　注
1	安全绳	长 25m	1 根	
2	结绳法训练装置		1 套	

（2）场地准备：
消防训练专用场地，场地平整无干扰。

3. 操作程序说明

（1）准备工作。
（2）双股 8 字结结绳。

4. 考核规定说明

（1）违章操作，停止考核。
（2）考核采用百分制，考核项目得分按鉴定比重进行折算。
（3）考核方式为实操考评。
（4）本科目主要检验操作人员对双股 8 字结结绳法掌握的熟练程度。
（5）该项如有多种操作方法，以推荐方法为准。

5. 考核时限

（1）准备时间：10s（不计入考核时间）。
（2）操作时间：15s。
（3）提前完成不加分，超时停止操作。

6. 评分记录表

双股8字结结绳法操作评分记录表

考评日期： 考核人员： 操作用时：

<table>
<tr><th>序号</th><th>考核内容</th><th>操作规程</th><th>评分要素</th><th>评分标准</th><th>配分</th><th>扣分</th><th>得分</th><th>备注</th></tr>
<tr><td>1</td><td>准备工作</td><td>听到“准备器材”口令，整理绳索，在起点线立正</td><td>器材准备</td><td>未整理安全绳扣10分</td><td>10</td><td></td><td></td><td></td></tr>
<tr><td rowspan="8">2</td><td rowspan="8">双股8字结结绳法</td><td rowspan="8">听到“开始”口令，将安全绳一端折成双股，双股绳索压住主绳，绕主绳一周，从顶部环中穿出，收紧绳索；绳环要小，绳结要工整，绳尾10cm以上</td><td rowspan="8">绳结制作</td><td>未折成双股扣10分</td><td>10</td><td></td><td></td><td></td></tr>
<tr><td>未压住主绳扣10分</td><td>10</td><td></td><td></td><td></td></tr>
<tr><td>未绕主绳一周扣15分</td><td>15</td><td></td><td></td><td></td></tr>
<tr><td>未从顶部环中穿出扣15分</td><td>15</td><td></td><td></td><td></td></tr>
<tr><td>未收紧绳索扣10分</td><td>10</td><td></td><td></td><td></td></tr>
<tr><td>绳结不工整扣10分</td><td>10</td><td></td><td></td><td></td></tr>
<tr><td>顶部绳环过大扣10分</td><td>10</td><td></td><td></td><td></td></tr>
<tr><td>绳尾不够10cm以上扣10分</td><td>10</td><td></td><td></td><td></td></tr>
<tr><td>3</td><td>安全文明操作</td><td colspan="2">按国家或企业颁发有关安全规定执行操作</td><td>每违反一项规定从总分中扣10分，严重违规取消考试资格</td><td></td><td></td><td></td><td></td></tr>
<tr><td>4</td><td>考核时限</td><td colspan="2">15s</td><td>超过15s本科目不计成绩</td><td></td><td></td><td></td><td></td></tr>
<tr><td colspan="5">合　计</td><td>100</td><td></td><td></td><td></td></tr>
</table>

考评员： 记录员： 复核人：

四十一、双重连结结绳法操作

1. 考核安全要求

（1）必须穿戴个人防护用品。
（2）选择符合要求的场地。
（3）做好安全检查和自我防护交底。
（4）人员和设备、器材符合安全要求。
（5）爱护器材，严格按照操作规程操作。

2. 准备要求

（1）个人防护用品与工具、器材准备：

序　号	名　称	规　格	数　量	备　注
1	安全绳	长 25m	1 根	
2	结绳法训练装置		1 套	

（2）场地准备：
消防训练专用场地，场地平整无干扰。

3. 操作程序说明

（1）准备工作。
（2）双重连结结绳。

4. 考核规定说明

（1）违章操作，停止考核。
（2）考核采用百分制，考核项目得分按鉴定比重进行折算。
（3）考核方式为实操考评。
（4）本科目主要检验操作人员对双重连结结绳法掌握的熟练程度。

5. 考核时限

（1）准备时间：10s（不计入考核时间）。
（2）操作时间：15s。
（3）提前完成不加分，超时停止操作。

6. 评分记录表

双重连结结绳法操作评分记录表

考评日期： 考核人员： 操作用时：

序号	考核内容	操作规程	评分要素	评分标准	配分	扣分	得分	备注
1	准备工作	听到“准备器材”口令，整理绳索，在起点线立正	器材准备	未整理安全绳扣10分	10			
2	双重连结结绳法	听到“开始”口令，左手将绳索一端对折成两股，右手将绳索另一端从对折绳圈自下向上穿过绳圈，挂在左手食指上，盘绕左手对折绳圈，并从食指下、主绳内侧和两股绳中间穿过，绕对折的绳索两圈收紧；在对折绳尾处打半结加固；绳结要工整，绳尾10cm以上	绳结制作	左手未将绳索末端对折扣10分	10			
				右手未将绳索一端从对折绳圈下面穿上来扣15分	15			
				未把穿出的绳头绕对折的绳索两圈扣15分	15			
				未打半结加固扣20分	20			
				未收紧绳索扣10分	10			
				绳结不工整扣10分	10			
				绳尾不够10cm以上扣10分	10			
3	安全文明操作	按国家或企业颁发有关安全规定执行操作		每违反一项规定从总分中扣10分，严重违规取消考试资格				
4	考核时限	15s		超过15s本科目不计成绩				
合计					100			

考评员： 记录员： 复核人：

四十二、单绳椅子扣救人结绳法操作

1. 考核安全要求

（1）必须穿戴个人防护用品。
（2）选择符合要求的场地。
（3）做好安全检查和自我防护交底。
（4）人员和设备、器材符合安全要求。
（5）爱护器材，严格按照操作规程操作。

2. 准备要求

（1）个人防护用品与工具、器材准备：

序　号	名　称	规　格	数　量	备　注
1	安全绳	长 25m	2 根	
2	结绳法训练装置		1 套	

（2）场地准备：
消防训练专用场地，场地平整无干扰。

3. 操作程序说明

（1）准备工作。
（2）单绳椅子扣。

4. 考核规定说明

（1）违章操作，停止考核。
（2）考核采用百分制，考核项目得分按鉴定比重进行折算。
（3）考核方式为实操考评。
（4）本科目主要检验操作人员对单绳椅子扣救人结绳法掌握的熟练程度。

5. 考核时限

（1）准备时间：10s（不计入考核时间）。
（2）操作时间：15s。
（3）提前完成不加分，超时停止操作。

6. 评分记录表

单绳椅子扣救人结绳法操作评分记录表

考评日期： 考核人员： 操作用时：

序号	考核内容	操作规程	评分要素	评分标准	配分	扣分	得分	备注
1	准备工作	听到"准备器材"口令，整理绳索，在起点线立正	器材准备	少一件扣2分	2			
2	单绳椅子扣	听到"开始"口令，将安全绳一端弯折成两股；左手持绳索两端；右手由下穿入另一头绳环中；张开虎口抓住绳索；做成双层绳环；左手拿着双层绳环交叉处；右手抓住左手做的双股绳；由双层绳环外伸入绳环中；双手拉紧调整绳套大小	绳结制作	未折成两股扣5分	10			
				1. 左手未持绳索两端扣9分； 2. 右手持绳索两端扣1分	10			
				未由下穿入扣10分	10			
				未抓住绳索扣10分	10			
				未做成双层绳环扣8分	8			
				1. 未拿着双层绳环交叉处扣5分； 2. 右手拿着双层绳环交叉处扣5分	10			
				未抓住双股绳扣10分	10			
				未由双层绳环外伸入扣10分	10			
				双手未拉紧扣10分	10			
				未调整绳套大小扣10分	10			
3	安全文明操作	按国家或企业颁发有关安全规定执行操作		每违反一项规定从总分中扣10分，严重违规取消考试资格				
4	考核时限	15s		超过15s本科目不计成绩				
合计					100			

考评员： 记录员： 复核人：

四十三、双平结结绳法操作

1. 考核安全要求

(1) 必须穿戴个人防护用品。
(2) 选择符合要求的场地。
(3) 做好安全检查和自我防护交底。
(4) 人员和设备、器材符合安全要求。
(5) 爱护器材，严格按照操作规程操作。

2. 准备要求

(1) 个人防护用品与工具、器材准备：

序号	名称	规格	数量	备注
1	安全绳	长 25m	2 根	
2	结绳法训练装置		1 套	

(2) 场地准备：
消防训练专用场地，场地平整无干扰。

3. 操作程序说明

(1) 准备工作。
(2) 双平结结绳法。

4. 考核规定说明

(1) 违章操作，停止考核。
(2) 考核采用百分制，考核项目得分按鉴定比重进行折算。
(3) 考核方式为实操考评。
(4) 本科目主要检验操作人员对双平结结绳法操作的熟练程度。

5. 考核时限

(1) 准备时间：10s(不计入考核时间)。
(2) 操作时间：15s。
(3) 提前完成不加分，超时停止操作。

6. 评分记录表

双平结结绳法操作评分记录表

考评日期： 考核人员： 操作用时：

序号	考核内容	操作规程	评分要素	评分标准	配分	扣分	得分	备注
1	准备工作	听到“准备器材”口令，整理绳索，立正	器材准备	少一件扣10分	10			
2	双平结结绳法	听到“开始”口令，两手抓握绳索两端，绳头留出约20cm	结绳操作	1. 未抓握绳索两端扣10分； 2. 绳头长度不足20cm扣10分	20			
		两手交叉，用左手绳索压右手绳索，左手绳头绕右绳一圈		左手绳头未绕右绳一圈扣10分	10			
		两手抓握绳索两端，用右绳索压左手绳索，右手绳头绕左绳一圈，收紧绳结		1. 右手绳头未绕左绳一圈扣10分； 2. 未收紧绳结扣10分	20			
		分别用绳头在绳索两端打半结加固		未打半结加固扣10分	10			
		立正喊“好”		未立正喊“好”扣10分	10			
3	操作结束	听到“收操”口令，收起绳索放回原处，成立正姿势	收操	1. 未将绳索放回原处扣10分； 2. 未成立正姿势扣10分	20			
4	安全文明生产	按国家或企业颁发的有关安全规定执行操作		每违反一项从总分中扣除10分，严重违反者取消考试资格				
5	考试时限	15s		超过15s该科目不计取成绩				
合计					100			

考评员： 记录员： 复核人：

四十四、一人三盘水带连接操作

1. 考核安全要求

(1) 必须穿戴个人防护用品。
(2) 选择符合要求的场地。
(3) 做好安全检查和自我防护交底。
(4) 人员和设备、器材符合安全要求。
(5) 爱护器材，严格按照操作规程操作。

2. 准备要求

(1) 个人防护用品与工具、器材准备：

序号	名称	规格	数量	备注
1	水枪	ϕ19mm	1把	
2	水带	长20m，ϕ65mm	3盘	
3	消防头盔		1顶	
4	消防安全带		1条	
5	分水器		1只	

(2) 场地准备：
消防训练专用场地，长55m，宽2.5m，从起点依次标出起点线、器材线、分水器拖止线、8m线、13m线、33m线和终点线；场地平整无干扰。

3. 操作程序说明

(1) 准备器材。
(2) 第一盘水带连接。
(3) 第二盘水带连接。
(4) 第三盘水带连接。
(5) 接水枪，到达终点线喊“好”。

4. 考核规定说明

(1) 违章操作，停止考核。
(2) 考核采用百分制，考核项目得分按鉴定比重进行折算。
(3) 考核方式为实操考评。

（4）本科目主要检验操作人员对水带连接的熟练程度。

5. 考核时限

（1）准备时间：2min（不计入考核时间）。

（2）操作时间：19s。

（3）提前完成不加分，超时停止操作。

6. 评分记录表

一人三盘水带连接操作评分记录表

考评日期： 考核人员： 操作用时：

序号	考核内容	操作规程	评分要素	评分标准	配分	扣分	得分	备注
1	准备工作	听到“准备器材”口令，整理器材，携带水枪，在起点线立正	器材摆放、携带	1. 水带放置超过甩带线扣5分； 2. 未携带水枪扣5分	10			
2	第一盘水带连接	听到“开始”口令，先甩开第一盘水带，一端接口连接分水器接口，一端接口连接第二盘水带接口	水带铺设、连接	第一盘水带未甩至8m线扣5分	5			
				1. 水带出线扣5分； 2. 水带压线扣5分； 3. 水带扭圈360°扣5分	15			
				接口脱扣、卡扣，该项不得分	10			
3	第二盘水带连接	双手各提一盘水带，跑至13m甩带线处，甩开第二盘水带，并与第三盘水带连接	水带铺设、连接	未到甩带线处甩开水带扣5分	5			
				1. 水带出线扣5分； 2. 水带压线扣5分； 3. 水带扭圈360°扣5分	15			
				接口脱扣、卡扣，该项不得分	10			
4	第三盘水带连接	跑至33m甩带线处，甩开第三盘水带，到达终点线，成立射姿势喊“好”	水带铺设；水枪连接；射水姿势	未在甩带线处甩开水带扣5分	5			
				1. 水带出线扣5分； 2. 水带压线扣5分； 3. 水带扭圈360°扣5分	10			
				1. 未连接水枪扣5分； 2. 分水器拖出0.5m扣5分； 3. 未到达终点线喊“好”扣5分	15			
5	安全文明操作	按国家或企业颁发有关安全规定执行操作		每违反一项规定从总分中扣10分，严重违规取消考试资格				
6	考核时限	19s		超过19s本科目不计成绩				
合计					100			

考评员： 记录员： 复核人：

四十五、吸水管吸水操作

1. 考核安全要求

(1) 必须穿戴个人防护用品。
(2) 选择符合要求的场地。
(3) 做好安全检查和自我防护交底。
(4) 人员和设备、器材符合安全要求。
(5) 爱护器材，严格按照操作规程操作。

2. 准备要求

个人防护用品与工具、器材准备：

序　号	名　称	规　格	数　量	备　注
1	消防车		1辆	
2	消火栓		1座	
3	吸水管	随车	2节	
4	吸水管扳手		2把	
5	消火栓扳手		1把	
6	消防水带	ϕ65mm	2盘	
7	消防水枪	ϕ19mm	1支	
8	消防水槽		1个	
9	铁挺		1把	
10	安全绳		1条	

3. 操作程序说明

(1) 准备工作。
(2) 卸下吸水管。
(3) 连接吸水管、滤水器、进水口。
(4) 连接水带、水枪。

4. 考核规定说明

(1) 违章操作，停止考核。
(2) 考核采用百分制，考核项目得分按鉴定比重进行折算。

（3）考核方式为实操考评。

（4）本科目主要检验操作人员对吸水管吸水操作的熟练程度。

5. 考核时限

（1）准备时间：1min（不计入考核时间）。

（2）操作时间：3min。

（3）提前完成不加分，超时停止操作。

6. 评分记录表

吸水管吸水操作评分记录表

考评日期： 考核人员： 操作用时：

序号	考核内容	操作规程	评分要素	评分标准	配分	扣分	得分	备注
1	准备工作	选择合适的工具、器材	工具选择	1. 选铁铤扣5分； 2. 选安全绳扣5分	10			
2	连接第一节吸水管	听到“开始”口令，卸下第一节吸水管，吸水管接头不得与地面碰撞，连接滤水器并将滤水器放入水槽内	操作流程安全防护	1. 未卸下吸水管扣10分； 2. 吸水管接头与地面碰撞扣10分	20			
				1. 未连接滤水器扣8分； 2. 连接不正确扣4分； 3. 未放入水槽扣8分	20			
3	连接第二节吸水管	卸下第二节吸水管与泵浦进水口连接，同时接上第一节吸水管接口，示意驾驶员启动泵浦吸水	吸水管连接	1. 未卸下第二节吸水管与泵浦的进水口连接扣6分； 2. 未与第一节吸水管连接扣4分	10			
4	连接水带、水枪	在消防车出水口甩开1盘水带连接泵出水口、水枪接口，做好射水准备，水枪出水时喊“好”，辅助人员打开消火栓往水槽内补水	出水操作流程	未甩开水带扣10分	10			
				接口卡口、脱口扣10分	10			
				未做好射水准备扣10分	10			
				水枪未出水喊“好”扣10分	10			
5	安全文明操作	按国家或企业颁发有关安全规定执行操作		每违反一项规定从总分中扣10分，严重违规取消考试资格				
6	考核时限	3min		超过3min本科目不计成绩				
合计					100			

考评员： 记录员： 复核人：

四十六、利用水带自救操作

1. 考核安全要求

(1) 必须穿戴个人防护用品。
(2) 选择符合要求的场地。
(3) 做好安全检查和自我防护交底。
(4) 人员和设备、器材符合安全要求。
(5) 爱护器材，严格按照操作规程操作。

2. 准备要求

个人防护用品与工具、器材准备：

序　号	名　称	规　格	数　量	备　注
1	水带	长 20mm，ϕ65mm	2 盘	
2	水枪	ϕ19mm	1 支	
3	分水器		1 只	
4	消防手套		1 副	
5	消防头盔		1 顶	
6	消防安全带		1 条	
7	训练塔		1 座	

3. 操作程序说明

(1) 准备器材。
(2) 操作开始。

4. 考核规定说明

(1) 违章操作，停止考核。
(2) 考核采用百分制，考核项目得分按鉴定比重进行折算。
(3) 考核方式为实操考评。
(4) 本科目主要检验操作人员对利用水带自救掌握的熟练程度。

5. 考核时限

(1) 准备时间：1min(不计入考核时间)。

（2）操作时间：1min。

（3）提前完成不加分，超时停止操作。

6. 评分记录表

利用水带自救操作评分记录表

考评日期：　　　　考核人员：　　　　操作用时：

序号	考核内容	操作规程	评分要素	评分标准	配分	扣分	得分	备注
1	准备工作	操作人员在训练塔三层持枪成立射姿势	准备	未按操作要求准备扣5分	5			
2、	固定水带做好防护下滑	听到“开始”口令，卸下水枪，将水带末端系在建筑构件上，解开消防安全带，将水带扎进安全带内，置于胸前，戴好手套，面向外坐在窗台上	准备防护	1. 未卸下水枪扣5分； 2. 未将水带固定好扣10分； 3. 未扎在安全带内扣10分； 4. 未置于胸前扣5分	30			
				1. 未戴好手套扣5分； 2. 面向窗内扣7分； 3. 未坐在窗口上扣8分	20			
		双手握住水带，两脚前后夹住水带，缓慢滑至地面，脚尖先着地站稳后，立正喊“好”	操作动作	1. 单手握水带扣10分； 2. 双脚未夹住水带扣10分； 3. 未缓慢滑至地面扣10分	30			
				1. 脚尖后着地扣10分； 2. 未站稳扣3分； 3. 未立正喊“好”扣2分	15			
3	安全文明操作	按国家或企业颁发有关安全规定执行操作		每违反一项规定从总分中扣10分，严重违规取消考试资格				
4	考核时限	1min		超过1min该科目不计成绩				
合　计					100			

考评员：　　　　记录员：　　　　复核人：

四十七、沿 6m 拉梯铺设水带操作

1. 考核安全要求

（1）必须穿戴个人防护用品。
（2）选择符合要求的场地。
（3）做好安全检查和自我防护交底。
（4）人员和设备、器材符合安全要求。
（5）爱护器材，严格按照操作规程操作。

2. 准备要求

（1）个人防护用品与工具、器材准备：

序　号	名　称	规　格	数　量	备　注
1	拉梯	6m	1 架	
2	水枪	ϕ19mm	1 把	
3	水带	长 20m，ϕ65mm	2 盘	
4	分水器		1 只	
5	水带挂钩		1 个	
6	消防头盔		1 顶	
7	消防安全带		1 条	
8	消防手套		1 副	
9	消防战斗服		1 套	
10	空气呼吸器	正压式	1 具	

（2）场地准备：

消防训练塔一座，安全设施齐全，训练塔前 10m 处标出起点线，竖梯区架设 1 架 6m 拉梯。

3. 操作程序说明

（1）准备工作。
（2）携带水枪，水带挂钩，甩开水带，连接分水器。
（3）连接水枪，跑向拉梯。
（4）背上水带、水枪，攀登拉梯进入二层，并提拉机动水带。
（5）吊好水带挂钩挂在梯蹬上，举手示意喊“好”。

4. 考核规定说明

（1）违章操作，停止考核。

（2）考核采用百分制，考核项目得分按鉴定比重进行折算。

（3）考核方式为实操考评。

（4）本科目主要检验操作人员对6m拉梯铺设水带操作的熟练程度。

5. 考核时限

（1）准备时间：1min（不计入考核时间）。

（2）操作时间：18s。

（3）提前完成不加分，超时停止操作。

6. 评分记录表

沿6m拉梯铺设水带操作评分记录表

考评日期： 考核人员： 操作用时：

序号	考核内容	操作规程	评分要素	评分标准	配分	扣分	得分	备注
1	准备工作	着消防战斗服全套，佩戴空气呼吸器	器材准备	个人防护装备不全扣5分	5			
2	携带器材铺设水带	听到“开始”口令，携带水枪、水带挂钩，甩开水带，连接分水器、水枪跑向拉梯	铺设连接	未携带水带挂钩扣10分	10			
				未按规定先甩开水带后接分水器扣10分	10			
				接口卡口脱口该项不计成绩	10			
				分水器拖出0.5m扣10分	10			
3	攀梯提拉机动水带	背上水枪、水带、将水带夹于两腿之间，攀登拉梯进入二层，提拉不少于5m的机动水带	攀登	攀登时，水带未夹于两腿之间扣10分	10			
				1. 未提拉机动水带扣10分； 2. 机动水带少于5m扣5分	15			
4	固定水带喊“好”	将水带挂钩挂在不低于拉梯第七蹬的位置，成射水姿势喊“好”	水带挂钩使用	未使用水带挂钩保护水带该项不计成绩	10			
				水带挂钩脱落，未固定好水带，挂钩低于第七梯蹬扣10分	10			
				未示意喊“好”扣10分	10			
5	安全文明操作	按国家或企业颁发有关安全规定执行操作		每违反一项规定从总分中扣10分，严重违规取消考试资格				
6	考核时限	18s		超过18s本科目不计成绩				
合计					100			

考评员： 记录员： 复核人：

四十八、攀登 15m 金属拉梯操作

1. 考核安全要求

（1）必须穿戴个人防护用品。
（2）选择符合要求的场地。
（3）做好安全检查和自我防护交底。
（4）人员和设备、器材符合安全要求。
（5）爱护器材，严格按照操作规程操作。

2. 准备要求

（1）个人防护用品与工具、器材准备：

序　号	名　称	规　格	数　量	备　注
1	金属拉梯	15m	1 部	
2	训练塔	4 层	1 座	
3	消防头盔		1 顶	
4	消防安全带		1 条	
5	安全绳		1 条	
6	安全钩		1 个	

（2）场地准备：
在训练塔 20m 处标出起点线，距塔基 2~2. 5m 处标出架梯区并架设好。

3. 操作程序说明

（1）准备工作。
（2）攀登上四楼。
（3）进入四楼喊“好”。

4. 考核规定说明

（1）违章操作，停止考核。
（2）考核采用百分制，考核项目得分按鉴定比重进行折算。
（3）考核方式为实操考评。
（4）本科目主要检验操作人员对攀登 15m 金属拉梯的熟练程度。

5. 考核时限

（1）准备时间：2min（不计入考核时间）。

（2）操作时间：1min。

（3）提前完成不加分，超时停止操作。

6. 评分记录表

攀登 15m 金属拉梯操作评分记录表

考评日期：　　　　　　　　考核人员：　　　　　　　　操作用时：

<table>
<tr><th>序号</th><th>考核内容</th><th>操作规程</th><th>评分要素</th><th>评分标准</th><th>配分</th><th>扣分</th><th>得分</th><th>备注</th></tr>
<tr><td>1</td><td>准备工作</td><td>穿戴个人防护装备</td><td>个人防护</td><td>少穿（戴）一件扣 5 分</td><td>10</td><td></td><td></td><td></td></tr>
<tr><td rowspan="6">2</td><td rowspan="6">攀登
上四楼</td><td rowspan="6">在 20m 起点线站好，示意准备完毕，听到“开始”口令，迅速跑向训练塔前预先架设好的金属拉梯，待辅助人员挂好安全绳，左脚蹬梯子第二蹬，右手抓第八蹬，迅速逐级向上攀登，攀登过程中双手不得同时脱梯，攀爬时动作协调连贯，进入四楼双脚着地面向窗外，举手示意喊“好”</td><td rowspan="6">动作素养、攀梯方式、安全防护</td><td>1. 未站在起点线扣 8 分；
2. 未站好扣 2 分</td><td>10</td><td></td><td></td><td></td></tr>
<tr><td>1. 左脚未蹬到第二蹬扣 2 分；
2. 右手抓不到第八蹬扣 3 分；
3. 两个支腿与地面未平行固定牢靠扣 5 分；
4. 上端梯身与训练塔未靠实扣 5 分；
5. 梯子锁扣未锁住扣 5 分；
6. 梯身超出窗户两侧不计成绩；
7. 梯身倾斜攀登者不计成绩</td><td>20</td><td></td><td></td><td></td></tr>
<tr><td>1. 未逐级向上攀梯扣 10 分；
2. 攀登过程中双手同时脱梯扣 10 分；
3. 动作不协调连贯扣 10 分</td><td>30</td><td></td><td></td><td></td></tr>
<tr><td>1. 攀登过程中头盔脱落扣 10 分；
2. 作训鞋脱落扣 10 分</td><td>20</td><td></td><td></td><td></td></tr>
<tr><td>1. 单脚着地喊“好”扣 6 分；
2. 未向外举手扣 3 分；
3. 未喊“好”扣 1 分</td><td>10</td><td></td><td></td><td></td></tr>
<tr><td colspan="5" style="display:none"></td></tr>
<tr><td>3</td><td>安全文明操作</td><td colspan="2">按国家或企业颁发有关安全规定执行操作</td><td>每违反一项规定从总分中扣 10 分，严重违规取消考试资格</td><td></td><td></td><td></td><td></td></tr>
<tr><td>4</td><td>考核时限</td><td colspan="2">1min</td><td>超过 1min 本科目不计成绩</td><td></td><td></td><td></td><td></td></tr>
<tr><td colspan="5">合　计</td><td>100</td><td></td><td></td><td></td></tr>
</table>

考评员：　　　　　　　　记录员：　　　　　　　　复核人：

技　师

附表四　考核要素及技能要求(技师)

考核范围	考核内容	考核比重	技能要求	备　注
消防准备	1. 计算机操作; 2. 机械制图; 3. 着防化服佩戴空气呼吸器	30%	1. 掌握计算机基础操作知识; 2. 掌握 Windows 基本操作和应用; 3. 掌握 Word 文字录入、排版、编辑; 4. 掌握 Excel 表格制作和基础数据处理; 5. 掌握 CAD 绘图软件、Photoshop 图片处理工具和 Power Point(PPT)制作; 6. 掌握轻型、重型防化服性能、参数和工作环境，能够正确佩戴轻、重型防化服; 7. 能够正确判定现场风向，选择作业方位	
基础操作	1. 液压剪扩器操作; 2. 卡箍式堵漏器材操作; 3. 机动泵排吸水	30%	1. 掌握液压剪扩器、机动液压泵构造、工作原理、操作前检查、安全注意事项，能够正确操作使用、维护保养和排除故障; 2. 正确识别各类堵漏器材，掌握不同堵漏器材的适用范围、工作参数，能够操作卡箍式堵漏器材进行堵漏; 3. 掌握机动泵工作原理、性能和结构，能够正确操作使用、排除故障; 4. 掌握机动泵、吸水管、消火栓、水槽连接方法	
过程操作	1. 垂直更换水带; 2. 组织训练程序; 3. 徒手背式救人操; 4. 沿楼梯铺设水带操	40%	1. 掌握垂直更换水带的方法、程序，能够正确操作; 2. 掌握组织训练的程序和步骤; 3. 掌握组织训练的方式和方法; 4. 掌握组训科目讲解、示范方法，能够正确下达指令，开展现场组训; 5. 掌握徒手救人方法，能正确采用背、抱、抬等方式实施徒手救人; 6. 掌握沿楼梯铺设水带操操作程序，能够正确操作	

四十九、计算机操作

1. 考核要求

（1）计算机基础操作知识。
（2）掌握 Windows 的基本操作和应用。
（3）熟练掌握文字处理的基本操作和应用。
（4）熟练掌握表格制作和应用。
（5）其他常用软件的操作。

2. 准备要求

（1）工具、器材准备：

名　称	规　格	数　量	备　注
计算机		1台	

（2）场地准备：
根据参考人员数量准备相应考场。

3. 操作程序说明

（1）准备工作。
（2）Word 文字录入、排版、编辑。
（3）Excel 表格制作及数据处理。
（4）其他软件操作。

4. 考试规定说明

（1）计算机上机操作。
（2）考核采用百分制，考核项目得分按鉴定比重进行折算。
（3）考核方式为实操考评，考题由考核组提供。
（4）本科目主要检验操作人员对计算机操作的熟练程度。

5. 考核时限

（1）准备时间：按要求提前进入考场。
（2）操作时间：90min。
（3）提前完成不加分，到时停止操作。

6. 评分记录表

计算机操作评分记录表

考评日期：　　　　考核人员：　　　　操作用时：

序号	考核内容	操作规程	评分标准	配分	扣分	得分	备注
1	准备工作	启动计算机，检查是否符合操作要求。	操作过程中，鼠标、键盘等出现故障可举手要求更换				
2	Word 文字处理	1. 创建文档文件夹； 2. 文字录入； 3. 文字格式处理； 4. 段落格式调整； 5. 页面格式设置； 6. 文字、图片排版； 7. 特殊文本处理	1. 文件夹名错一个扣 1 分； 2. 新建文件错一个扣 1 分； 3. 文件的复制移动操作错一个扣 1 分； 4. 字体错扣 1 分、字号错扣 1 分、每错一字扣 0.5 分、每漏一字扣 0.5 分、每错漏一字符或标点、符号扣 0.25 分； 5. 每错一个格式扣 1 分、文件保存位置错扣 2 分、文件名错扣 2 分	40			
3	表格处理	1. 工作表的创建； 2. 数据录入； 3. 特殊符号的应用； 4. 常用函数操作； 5. 计算应用； 6. 编辑和排版； 7. 特殊要求的处理	1. 新建工作表未命名扣 2 分； 2. 字号错扣 1 分、字体错扣 1 分、格式错扣 1 分，每错(漏)一字扣 0.5 分、输入数字错误每处扣 0.5 分、每少输 1 字扣 0.5 分； 3. 函数使用错一次扣 2 分； 4. 计算格式错扣 2 分； 5. 未按要求编辑、排版每错一处扣 4 分； 6. 文件的保存位置错扣 2 分； 7. 文件名错扣 2 分	40			
4	其他应用软件的操作	1. CAD 绘图软件的基础操作； 2. Photoshop 图片处理工具操作； 3. Power Point（PPT）制作； 4. 应急预案制作	1. 新建 PPT 未命名扣 2 分； 2. 未按要求操作软件扣 15 分； 3. 文件的保存位置错扣 1 分； 4. 文件名错扣 2 分	20			
5	文明操作	遵守考场纪律	严重违规取消考试资格				
6	操作时间	90min	超时停止操作				
合　计				100			

考评员：　　　　记录员：　　　　复核人：

五十、机械制图操作

1. 考核安全要求

(1) 根据给定的轴测图绘制零件图。
(2) 按照最新国家标准，绘制标准视图，标注尺寸与公差，标注表面粗糙度。
(3) 编写标题栏、技术要求。
(4) 机械制图用 CAD 软件操作则按国家标准评分。

2. 准备要求

个人防护用品与工具、器材准备：

序　号	名　称	规　格	数　量	备　注
1	三角板		1 副	自带
2	塑料板尺(丁字尺)		1 副	自带
3	圆规		1 个	自带
4	计算器		1 个	自带
5	橡皮		1 块	自带
6	铅笔		若干	自带
7	草图纸		2 张	提供
8	A3 绘图纸		1 张	提供
9	3 号绘图板(无标记)		1 张	自带

3. 操作程序说明

(1) 准备器材。
(2) 按要求标准绘图。
(3) 清理考场。

4. 考核规定说明

(1) 违章操作，停止考核。
(2) 考核采用百分制，考核项目得分按鉴定比重进行折算。
(3) 考核方式为实操考评。
(4) 本科目主要检验操作人员对机械制图的熟练程度。

5. 考核时限

(1) 准备时间：3min(不计入考核时间)。
(2) 操作时间：90min。
(3) 提前完成不加分，超时停止操作。

6. 评分记录表

机械制图操作评分记录表

考评日期： 考核人员： 操作用时：

序号	考核内容	操作规程	评分要素	评分标准	配分	扣分	得分	备注
1	准备工作	提前准备好自带绘图工具，纸张统一提供		绘图板有标记取消考试资格				
2	一般要求	1. 图框格式符合国家标准、图片大小与零件匹配； 2. 对字体(数字、汉字、字母)符合国家标准要求； 3. 图线线形符合国家标准要求； 4. 图线绘制光滑、均匀，图面整洁，布局合理； 5. 零件名称、绘图比例、零件材料、绘图日期、零件数量标注符合规范	国家标准	一项不符合扣 0.5 分	15			
				1. 数字每一个不符合要求扣 0.5 分； 2. 汉字每一个不符合要求扣 0.5 分				
				有一处不符合要求扣 0.5 分				
				每一处不符合要求扣 0.5 分				
				有一处不符合要求该项不得分				
3	零件形状表达	1. 主视图选择正确； 2. 图样画法符合国家标准； 3. 零件结构表达明确完整、清楚； 4. 其他视图的选择合理、简洁； 5. 零件上的螺纹、键槽、销、沉孔、中心孔、滚花、倒角、退刀槽、拔模斜度、铸造斜角、铸造圆角等结构画法符合国家标准	绘图技术	主视图选择错误该项不得分	50			
				1. 每一处表达不完整扣 2 分； 2. 每一处表达不清楚扣 3 分(有看不见的孔没有剖开等)				
				1. 每违反《国家标准》(图样画法)一处扣 2 分； 2. 投影关系每错误一处扣 2 分				
				每多一个视图扣 3 分				
				根据零件实际的多少分配分数				
4	尺寸标注	1. 长、宽、高三个方向基准选择正确； 2. 主要基准、辅助基准选择合理； 3. 不能出现漏标、多标； 4. 尺寸数值、注法正确； 5. 尺寸标注清晰方便看图	标注要求	1. 一个方向的基准不合理扣 2 分； 2. 基准与辅助基准没有联系尺寸扣 2 分	21			
				每漏标、多标一处扣 1.5 分				
				1. 数值每错一处扣 1 分； 2. 注法每错一处扣 1 分				
				每一个不符合要求扣 0.5 分				

续表

<table>
<tr><th>序号</th><th>考核内容</th><th>操作规程</th><th>评分要素</th><th>评分标准</th><th>配分</th><th>扣分</th><th>得分</th><th>备注</th></tr>
<tr><td rowspan="4">5</td><td rowspan="4">技术要求</td><td rowspan="4">1. 零件表面粗糙度分级正确、符号画法正确、标注方法正确；
2. 尺寸公差选择合理、标注正确；
3. 形位公差选择合理、标注正确</td><td rowspan="4">国家标准</td><td>1. 分级错误扣 3 分；
2. 符号画法每错一处扣 1 分；
3. 标注错误一处扣 1 分</td><td rowspan="4">14</td><td></td><td></td><td></td></tr>
<tr><td>1. 选择不合理扣 2 分；
2. 公差值的选择及标注方法不合理每一处扣 0.5 分</td><td></td><td></td><td></td></tr>
<tr><td>1. 选择不合理扣 2 分；
2. 公差值的选择及标注方法不合理每一处扣 0.5 分</td><td></td><td></td><td></td></tr>
<tr><td>选择不当该项不得分</td><td></td><td></td><td></td></tr>
<tr><td>6</td><td>文明操作</td><td colspan="2">按要求遵守纪律、服从安排</td><td>严重违规取消考试资格</td><td></td><td></td><td></td><td></td></tr>
<tr><td>7</td><td>考核时限</td><td colspan="2">90min</td><td>到时停止操作</td><td></td><td></td><td></td><td></td></tr>
<tr><td colspan="5">合　　计</td><td>100</td><td></td><td></td><td></td></tr>
</table>

考评员：　　　　　　　　　　　　记录员：　　　　　　　　　　　　复核人：

五十一、着防化服佩戴空气呼吸器操作

1. 考核安全要求

(1) 必须穿戴个人防护用品。
(2) 选择符合要求的场地。
(3) 做好安全检查和自我防护交底。
(4) 人员和设备、器材符合安全要求。
(5) 爱护器材，严格按照操作规程操作。

2. 准备要求

个人防护用品与工具、器材准备：

序 号	名 称	规 格	数 量	备 注
1	防化服	轻型	1套	
2	呼吸器	正压式空气呼吸器	1具	
3	消防头盔		1顶	
4	安全绳		1根	
5	水带	ϕ65mm	1盘	

3. 操作程序说明

(1) 选择工具。
(2) 检查、整理工作。
(3) 着防化服。
(4) 背呼吸器。
(5) 戴头盔、建立呼吸连接。

4. 考核规定说明

(1) 违章操作，停止考核。
(2) 考核采用百分制，考核项目得分按鉴定比重进行折算。
(3) 考核方式为实操考评。
(4) 本科目主要检验操作人员对着防化服佩戴空气呼吸器操作的熟练程度。

5. 考核时限

(1) 准备时间：90s(不计入考核时间)。

（2）正式操作时间：90s。

（3）提前完成不加分，超时停止操作。

6. 评分记录表

着防化服佩戴空气呼吸器操作评分记录表

考评日期： 考核人员： 操作用时：

序号	考核内容	操作规程	评分要素	评分标准	配分	扣分	得分	备注
1	准备工作	在防化服、呼吸器、消防头盔、安全绳、水带中选择必用器材	器材选择	1. 选安全绳扣5分； 2. 选水带扣5分	10			
2	检查整理	检查防化服有无破损，整理好衣服放在垫子上；检查空气呼吸器各部件是否完好（气瓶压力、报警器、面罩密封性、气瓶气密性），并开启气瓶开关3圈以上	器材检查整理	1. 未检查防化服扣5分； 2. 未整理防化服扣5分	10			
				1. 未检查空气呼吸器部件每项扣5分； 2. 未开启气瓶3圈以上扣10分	20			
3	着防化服佩戴呼吸器	听到“开始”的口令，迅速穿防化服靴子裤子衣服，粘好上装粘胶，背好呼吸器，扣牢腰带，戴好面罩，收紧系带，戴好防化服头套，粘好防化服路口上的密封带，戴好消防头盔，系紧帽带，建立呼吸器连接完毕举手示意	操作流程佩戴标准	1. 防化服穿戴不标准扣10分； 2. 未按操作流程穿戴扣10； 3. 未背好呼吸器扣5分； 4. 未扣牢腰带扣5分	20			
				1. 未粘或未粘牢防化服气密带扣5分； 2. 未戴好防化服头套扣10分； 3. 未戴好呼吸器面罩扣10分； 4. 未建立呼吸扣10分； 5. 未举手示意扣5分	40			
4	安全文明操作	按国家或企业颁发有关安全规定执行操作		每违反一项规定从总分中扣10分，严重违规取消考试资格				
5	考核时限	90s		超过90s本科目不计成绩				
合计					100			

考评员： 记录员： 复核人：

五十二、液压剪扩器操作

1. 考核安全要求

(1) 必须穿戴个人防护用品。
(2) 选择符合要求的场地。
(3) 做好安全检查和自我防护交底。
(4) 人员和设备、器材符合安全要求。
(5) 爱护器材，严格按照操作规程操作。

2. 准备要求

个人防护用品与工具、器材准备：

序　号	名　称	规　格	数　量	备　注
1	液压扩张器		1 部	
2	机动液压泵		1 台	
3	高压软管		1 套	

3. 操作程序说明

(1) 准备工作。
(2) 连接扩张器机动液压泵与高压软管的两端。
(3) 旋转扩张器手柄上的转换开关。
(4) 收器材。

4. 考核规定说明

(1) 违章操作，停止考核。
(2) 考核采用百分制，考核项目得分按鉴定比重进行折算。
(3) 考核方式为实操考评。
(4) 本科目主要检验操作人员对液压剪扩器操作的熟练程度。

5. 考核时限

(1) 准备时间：2min(不计入考核时间)。
(2) 操作时间：2min。
(3) 提前完成不加分，超时停止操作。

6. 评分记录表

液压剪扩器操作评分记录表

考评日期： 考核人员： 操作用时：

序号	考核内容	操作规程	评分要素	评分标准	配分	扣分	得分	备注
1	准备工作	检查高压软管、液压剪扩器，站在操作处	检查器材	1. 检查少一项扣5分； 2. 未站在操作处扣5分	10			
2	连接管路	听到“开始”口令，手提扩张器把柄，将器械放在操作线上，拔下防尘帽，连接高压软管一端，另一端与机动液压泵连接好，辅助人员启动机器调整油门打开液压开关	操作流程规定动作	1. 未用手提剪扩器把柄部位扣10分； 2. 未将器材放在操作线上扣10分	20			
				1. 未拔下防尘帽扣2分； 2. 未与高压软管连接扣3分； 3. 高压软管接头与地面直接接触扣5分	10			
				1. 未将高压软管一端与液压机动泵连接扣7分； 2. 连接不牢扣3分	10			
3	操作扩张器	操作人员一手提剪扩器手把，另一手控制调节开关，使剪扩器张至最大角度喊“好”	操作剪扩器扩张	未操作旋转开关扣10分	10			
				1. 未调节至最大角度扣8分； 2. 未喊好扣2分	10			
4	收器材	操作者调节扩张器开关至反转，使扩张器合拢到最小位置，示意辅助人员关闭液压泵泄压，断开液压管连接，收器材返回原位	操作剪扩器剪断，收器材	1. 未旋转控制调节开关扣4分； 2. 未合拢到最小位置扣6分	10			
				1. 未拔下连在剪扩器上的软管插头扣5分； 2. 未拔下连在液压泵上的插头扣5分	10			
				1. 未收器材扣6分； 2. 未将器材放回原位扣4分	10			
5	安全文明操作	按国家或企业颁发有关安全规定执行操作		每违反一项规定从总分中扣5分，严重违规取消考试资格				
6	考核时限	2min		超过2min本科目不计成绩				
合计					100			

考评员： 记录员： 复核人：

五十三、卡箍式堵漏器材操作

1. 考核安全要求

(1) 必须穿戴个人防护用品。
(2) 选择符合要求的场地。
(3) 做好安全检查和自我防护交底。
(4) 人员和设备、器材符合安全要求。
(5) 爱护器材，严格按照操作规程操作。

2. 准备要求

(1)个人防护用品与工具、器材准备：

序 号	名 称	规 格	数 量	备 注
1	防化服	重型	1套	
2	空气呼吸器	正压式	1具	
3	堵漏工具	卡箍式	1套	
4	消防训练垫		1张	
5	独木桥		1座	
6	化工泄漏装置		1个	

(2) 场地准备：

在距装置区15m处标出起点线，10~12m处标出器材放置区(2m×2m)。器材放置区内放置防护垫1个，将重型防化服、空气呼吸器、面罩及堵漏工具分别放置于防护垫上。距起点线8m处放置独木桥一座(独木桥桥面长5m，桥梯长4m，桥宽85cm，桥梯与地面夹角成30°)，装置区放置泄漏模拟装置1个，在泄漏模拟装置管线上设置泄漏点1个，管网压力0.5MPa。

3. 操作程序说明

(1) 准备工作。
(2) 佩戴防护装备。
(3) 携带器材穿过独木桥。
(4) 完成堵漏返回终点。

4. 考核规定说明

(1) 违章操作，停止考核。

（2）考核采用百分制，考核项目得分按鉴定比重进行折算。
（3）考核方式为实操考评。
（4）本科目主要检验操作人员对操作卡箍式堵漏器材的熟练程度。

5. 考核时限

（1）准备时间：2min（不计入考核时间）。
（2）操作时间：7min。
（3）提前完成不加分，超时停止操作。

6. 评分记录表

卡箍式堵漏器材操作评分记录表

考评日期：　考核人员：　操作用时：

序号	考核内容	操作规程	评分要素	评分标准	配分	扣分	得分	备注
1	准备工作	空气呼吸器、面罩、重型防化服、堵漏工具要分别摆放在器材放置区	器材准备	1. 重叠放置扣10分； 2. 器材超过放置区扣10分	20			
2	佩戴空呼着防护服	听到“开始”口令，操作人员在1名协助队员的帮助下，在器材放置区内完成空气呼吸器佩戴和重型防化服穿着	佩戴着装	1. 未检查空呼压力表、报警系统、导管、面罩气密性扣10分； 2. 未调整空呼腰带、肩带扣5分； 3. 气瓶阀未完全打开扣10分； 4. 面罩未连接扣5分； 5. 防护服未完全封闭扣10分	40			
3	携带器材通过独木桥堵漏	携带堵漏工具通过独木桥到达装置区，利用堵漏工具对泄漏点进行快速堵漏	堵漏操作	1. 器材掉落扣10分； 2. 未选用符合堵漏工具堵漏扣10分； 3. 堵漏失败该项不计成绩	20			
4	操作结束	堵漏成功后，携带剩余工具到达终点，举手示意	操作完成	1. 遗漏工具扣10分； 2. 到达终点未举手示意扣10分	20			
5	安全文明操作	按国家或企业颁发有关安全规定执行操作		每违反一项规定从总分中扣10分，严重违规取消考试资格				
6	考核时限	7min		超过7min本科目不计成绩				
合计					100			

考评员：　记录员：　复核人：

五十四、机动泵排、吸水操作

1. 考核安全要求

(1) 必须穿戴个人防护用品。
(2) 选择符合要求的场地。
(3) 做好安全检查和自我防护交底。
(4) 人员和设备、器材符合安全要求。
(5) 爱护器材，严格按照操作规程操作。

2. 准备要求

个人防护用品与工具、器材准备：

序号	名称	规格	数量	备注
1	机动泵	VC52AS 型	1 台	
2	吸水管	随设备	1 根	
3	消火栓		1 座	
4	消防水带	ϕ65mm	2 盘	
5	消防水枪	ϕ19mm	1 支	
6	消防水槽		1 个	

3. 操作程序说明

(1) 准备工作。
(2) 连接吸水管、滤水器、进水口。
(3) 连接水带、水枪。
(4) 启动机动泵。
(5) 停机。

4. 考核规定说明

(1) 违章操作，停止考核。
(2) 考核采用百分制，考核项目得分按鉴定比重进行折算。
(3) 考核方式为实操考评。
(4) 本科目主要检验操作人员对机动泵排、吸水操作的熟练程度。

5. 考核时限

(1) 准备时间：1min(不计入考核时间)。
(2) 操作时间：5min。
(3) 提前完成不加分，超时停止操作。

6. 评分记录表

机动泵排、吸水操作评分记录表

考评日期： 考核人员： 操作用时：

序号	考核内容	操作规程	评分要素	评分标准	配分	扣分	得分	备注
1	准备工作	检查机动泵余水阀、冷却水放水阀以及出水阀是否关好，油路处于NO	检查	1. 一项未检查该项不计成绩； 2. 未打开油路开关扣10分	10			
2	连接吸水管滤水器	听到“开始”口令，将吸水管一端连接滤水器，放入水槽内；一端连接机动泵进水口	吸水管连接	1. 吸水管安放时，弯曲处高于水泵进水口扣5分； 2. 滤水器连接松动扣5分； 3. 吸水管未连接进水口扣10分	20			
3	连接水带、水枪	辅助人员甩开1盘水带连接泵出水口、水枪接口，做好射水准备	水带铺设连接	1. 未甩开水带扣5分； 2. 接口卡口、脱口扣5分； 3. 未做好射水准备扣5分	15			
4	启动设备	打开操作面板启动开关，将油门转动至START处，拉动拉绳启动设备	操作设备	1. 未打开启动开关扣10分； 2. 油门未转动至START处扣10分	20			
5	吸水与出水	启动后，右手将真空泵吸水手柄下拉，左手控制油门，机动泵吸上水完全注入泵中，将吸水手柄归位；打开出水阀，待水枪出水后喊“好”	操作设备	1. 未下拉真空泵吸水手柄扣5分； 2. 机动泵未注满水时吸水手柄归位扣5分； 3. 未打开出水阀扣10分； 4. 水枪未出水喊“好”扣5分	25			
6	停机	听到“收操”口令，关闭开关，停机，打开余水阀	收操	1. 未关闭开关使机动泵熄火扣5分； 2. 未打开余水阀该项不计成绩	10			
7	安全文明操作	按国家或企业颁发有关安全规定执行操作		每违反一项规定从总分中扣10分，严重违规取消考试资格				
8	考核时限	5min		超过5min本科目不计成绩				
合计					100			

考评员： 记录员： 复核人：

五十五、垂直更换水带操作

1. 考核安全要求

(1) 必须穿戴个人防护用品。
(2) 选择符合要求的场地。
(3) 做好安全检查和自我防护交底。
(4) 人员和设备、器材符合安全要求。
(5) 爱护器材，严格按照操作规程操作。

2. 准备要求

(1) 个人防护用品与工具、器材准备：

序 号	名 称	规 格	数 量	备 注
1	分水器		1只	
2	水带	ϕ65mm	3盘	
3	水带挂钩		1个	
4	水枪		1把	
5	安全帽		1顶	
6	安全腰带		1条	

(2) 场地准备：
在训练塔前10m处标出起点线，连接好分水器，两盘65mm水带垂直铺设至训练塔三楼，三楼水带固定牢靠，水带挂钩打在二楼水带连接处。

3. 操作程序说明

(1) 拆下爆破水带。
(2) 上二楼。
(3) 甩水带。
(4) 取下挂钩。
(5) 拉入爆破水带。
(6) 传递水带。
(7) 固定水带。
(8) 连接水带、分水器。

4. 考核规定说明

（1）违章操作，停止考核。
（2）考核采用百分制，考核项目得分按鉴定比重进行折算。
（3）考核方式为实操考评。
（4）本科目主要检验操作人员对垂直更换水带操作的熟练程度。

5. 考核时限

（1）准备时间：1min（不计入考核时间）。
（2）操作时间：40s。
（3）提前完成不加分，超时停止操作。

6. 评分记录表

垂直更换水带操作评分记录表

考评日期：　　　　考核人员：　　　　操作用时：

序号	考核内容	操作规程	评分要素	评分标准	配分	扣分	得分	备注
1	拆下爆破水带上二楼	听到“开始”口令，迅速关闭分水器，拆下爆破水带，携1盘水带沿楼梯上至二楼	操作要领	1. 未关闭分水器扣5分； 2. 未拆下爆破水带扣5分； 3. 未携带水带上楼扣10分	20			
2	甩开水带、取下水带挂钩	甩开水带，同时将预先铺设的水带接口拆开，取下水带挂钩，将水带接口拉进窗内踩于脚下	操作流程规则	1. 未甩开水带扣10分； 2. 未将预先铺设的水带接口拆开扣5分	15			
				1. 未取下水带挂钩扣6分； 2. 未将水带接口拉进窗内踩于脚下扣4分	10			
3	拉入爆破水带、传递水带、固定水带	将爆破水带全部拉入窗内，将更换水带一端接上，另一对端接口用双手交替向下传递，用水带挂钩将水带固定	操作规定固定方式	未将爆破水带全部拉入窗内扣5分	5			
				1. 接口未接扣10分； 2. 传递水带方法不正确扣5分	15			
				未用挂钩将水带固定扣10分	10			
4	连接水带，连接分水器	从二楼返回地面，将两盘水带相互连接，将水带接口与分水器连接，开启分水器成立正姿势喊“好”	连接接口喊“好”	1. 未返回地面该项不计成绩； 2. 未将两盘水带连接扣10分	10			
				1. 未接分水器接口扣5分； 2. 未开启分水器扣5分	10			
				未成立正姿势扣5分	5			
5	安全文明操作	按国家或企业颁发有关安全规定执行操作		每违反一项规定从总分中扣10分，严重违规取消考试资格				
6	考核时限	40s		超过40s本科目不计成绩				
合　计					100			

考评员：　　　　记录员：　　　　复核人：

五十六、组织训练程序

1. 考核要求

（1）掌握组织训练程序步骤。
（2）掌握组织训练方式和方法。
（3）熟练讲解示范组训科目内容。
（4）落实组训安全防范措施。

2. 准备工作

（1）参考人员在考核前预先抽选组训实施科目。
（2）根据所选科目要求选择实施场地。
（3）准备组训实施科目所需装备器材。
（4）选择辅助人员。

3. 操作程序说明

（1）组训准备阶段。
（2）落实组训安全阶段。
（3）组训实施阶段。

4. 考核规定说明

（1）违章组训，停止考核。
（2）考核采用百分制，考核项目得分按鉴定比重进行折算。
（3）考核方式为实操考评。
（4）本科目主要检验参考人员对组织训练的程序、方法和要求的掌握程度。

5. 考核时限

（1）准备时间：5min（不计入考核时间）。
（2）组训时间：根据预先抽选组训实施科目完成时限为准。

6. 评分记录表

组织训练程序评分记录表

考评日期： 考核人员： 操作用时：

序号	考核内容	考核程序	评分要素	评分标准	配分	扣分	得分	备注
1	组训准备阶段	参考人员根据抽选科目，组织辅助人员设置组训场地，准备训练器材	训练准备	1. 未按要求设置训练场地扣10分； 2. 未按要求准备训练器材扣10分； 3. 训练准备工作不充分该项不计成绩	20			
2	落实训练安全阶段	对场地器材进行安全检查，熟悉安全操作程序，在实施示教作业时，为示范班讲解训练安全注意事项，做好训练安全动员	训练安全	1. 未进行训练安全教育扣5分； 2. 未进行训练场地检查扣5分； 3. 未进行训练器材检查扣5分； 4. 未讲解发生意外事故应急措施扣5分； 5. 训练安全落实不到位该项不计成绩	20			
3	训练实施阶段	1. 下达科目：由科目、内容、目的、场地、时间、方法和训练要求组成；组织示范作业：讲解操作程序并示范动作，组织示范班进行示范； 2. 实施分组训练：对辅助人员进行训练分组，指定各组训练场地和训练内容，训练过程中应不断在各训练小组间进行检查，纠正错误动作，避免安全事故	训练步骤、方法和要求掌握情况	1. 下达科目内容不全扣5分； 2. 讲解操作程序不准确扣10分； 3. 示范动作不标准扣10分； 4. 组织示范过程不规范扣5分； 5. 未进行训练分组扣5分； 6. 未指定训练场地和内容扣5分； 7. 未纠正错误动作扣5分； 8. 训练中发生安全事故该项不计成绩	45			
4	训练讲评	下达集合口令，讲评训练情况	集合点评	未集合讲评扣15分	15			
5	安全文明操作	按国家或企业颁发有关安全规定执行操作		每违反一项规定从总分中扣10分，严重违规取消考试资格				
6	考核时限	以抽选科目完成时限为准						
合计					100			

考评员： 记录员： 复核人：

五十七、徒手背式救人操作

1. 考核安全要求

(1) 必须穿戴个人防护用品。
(2) 选择符合要求的场地。
(3) 做好安全检查和自我防护交底。
(4) 人员和设备、器材符合安全要求。
(5) 爱护器材，严格按照操作规程操作。

2. 准备要求

(1) 设备准备：

序 号	名 称	规 格	数 量	备 注
1	垫子		2 张	
2	道具假人		1 个	

(2) 场地准备：

在平地上标出起点线，起点线前 15m 处标出折返线。起点线、折返线前各铺设一张垫子。

3. 操作程序说明

(1) 准备工作。
(2) 侧卧在被救者左侧。
(3) 使被救者俯卧在背上。
(4) 背起被救者。
(5) 把被救者轻放在起点线处的垫子上。

4. 考核规定说明

(1) 违章操作，停止考核。
(2) 考核采用百分制，考核项目得分按鉴定比重进行折算。
(3) 考核方式为实操考评。
(4) 本科目主要检验操作人员对徒手背式救人操作的熟练程度。

5. 考核时限

(1) 准备时间：1min（不计入考核时间）。

（2）操作时间：2min。

（3）提前完成操作不加分，到时停止操作考核。

6. 评分记录表

徒手背式救人操作评分记录表

考评日期：　　　　考核人员：　　　　操作用时：

序号	考核内容	操作规程	评分要素	评分标准	配分	扣分	得分	备注
1	准备工作	听到“准备器材”口令，将假人头朝起点线仰卧在垫子上	器材摆放	未将假人头朝起点线仰卧在垫子上扣10分	10			
2	侧卧在被救者左侧	听到“开始”口令，跑至折返线侧卧在被救者左侧，两人背胸相靠	背起被救者	1. 未跑至折返线侧卧在被救者左侧扣5分； 2. 两人未背胸相靠扣5分	10			
3	被救者俯卧在背上	右手握其右手腕，左腿插入其右膝下	背起被救者	1. 右手未握其右手腕扣5分； 2. 左腿未插入其右膝下扣5分	10			
		转体使被救者俯卧在背上，左臂支撑地面		1. 未转体使被救者俯卧在背上扣5分； 2. 左臂未支撑地面扣5分	10			
		右腿屈膝跪地，左脚向前跨步		1. 右腿未屈膝跪地扣5分； 2. 左脚未向前跨步扣5分	10			
4	背起被救者	右脚蹬地挺身起立	背起被救者	右脚未蹬地扣10分	10			
5	把被救者轻放在起点线处的垫子上	双手抱住其双腿救治起点线垫子处，身体下蹲	运送被救者至起点线	1. 双手未抱住其双腿扣5分； 2. 未身体下蹲扣5分	10			
		途中不得使被救者双脚着地，左手抓住右臂，身体向后转180°，面对被救者		1. 途中被救者脚落地取消操作； 2. 左手未抓住右臂扣5分； 3. 身体未向后转180°扣5分	10			
		右手从其左腋下伸向背部，同时左脚在其右侧向前跨一步，将其臀部着地坐下		1. 右手未从其左腋下伸向背部扣5分； 2. 左脚未在其右侧向前跨一步扣4分； 3. 未将其臀部着地坐下扣1分	10			
		左手扶其头后部，将其轻放，立正喊“好”		1. 左手未扶其头后部扣4分； 2. 未将其轻放扣4分； 3. 未立正喊“好”扣2分	10			
6	安全文明操作	按国家或企业颁发有关安全规定执行操作		每违反一项规定从总分中扣10分，严重违规取消考试资格				
7	考核时限	2min		超过2min本科目不计成绩				
合计					100			

考评员：　　　　记录员：　　　　复核人：

五十八、沿楼梯铺设水带操作

1. 考核安全要求

（1）必须穿戴个人防护用品。
（2）选择符合要求的场地。
（3）做好安全检查和自我防护交底。
（4）人员和设备、器材符合安全要求。
（5）爱护器材，严格按照操作规程操作。

2. 准备要求

（1）个人防护用品与工具、器材准备：

序　号	名　称	规　格	数　量	备　注
1	水枪	ϕ19mm	1 把	
2	水带	长 20m，ϕ65mm	2 盘	
3	分水器		1 只	
4	二节拉梯	6m	1 部	
5	水带挂钩		2 个	

（2）场地准备：
① 消防训练塔一座，提前架设好一部二节拉梯。
② 安全设施齐全，训练塔一侧窗户正对面画出长 10m、宽 2m 的跑道，整洁规范无干扰。

3. 操作程序说明

（1）准备工作。
（2）携带水带挂钩，甩开水带，连接上分水器与水带接口。
（3）连接上水枪与水带接口，跑向拉梯。
（4）背上水枪、水带，攀登梯子，进入二楼。
（5）提拉机动水带。
（6）吊好水带，面向外立正喊“好”。

4. 考核规定说明

（1）违章操作，停止考核。

(2) 考核采用百分制，考核项目得分按鉴定比重进行折算。
(3) 考核方式为实操考评。
(4) 本科目主要检验操作人员对沿楼梯铺设水带的熟练程度。

5. 考核时限

(1) 准备时间：1min(不计入考核时间)。
(2) 操作时间：16s。
(3) 提前完成不加分，超时停止操作。

6. 评分记录表

沿楼梯铺设水带操作评分记录表

考评日期：　　　　考核人员：　　　　操作用时：

序号	考核内容	操作规程	评分要素	评分标准	配分	扣分	得分	备注
1	准备工作	所有器材中选择必要工具	选择工具	1. 多选、选错工具扣5分； 2. 少选工具扣5分	10			
2	携带器材、甩开水带、连接接口	听到“开始”口令，携带水枪、水带挂钩，甩开水带，连接上分水器与水带接口	携带器材，操作流程，铺设水带	1. 未携带水带挂钩扣5分； 2. 未甩开水带扣5分	10			
				接口卡口脱口扣10分	10			
				分水器拖出0.5m以上扣10分	10			
3	连接水枪、跑向拉梯	跑动中连接水枪与水带接口，跑向拉梯	连接接口	未连接水枪与水带接口扣10分	10			
				接口卡口脱口扣10分	10			
4	攀登梯子进入二层	将水枪水带搭于肩膀，水带夹于两腿中间开始攀梯进入二层	安全操作规程	未按规定携带水枪水带扣10分	10			
				在攀登过程中水枪水带掉落地面扣10分	10			
5	提拉机动水带，吊好水带	提拉不少于5m的机动水带，用挂钩迅速吊好水带，挂钩必须挂在梯蹬上，面向外立正喊“好”	操作规程	楼层内机动水带少于5m扣10分	10			
				水带挂钩未挂牢该项目不计成绩	10			
6	安全文明操作	按国家或企业颁发有关安全规定执行操作		每违反一项规定从总分中扣10分，严重违规取消考试资格				
7	考核时限	16s		超过16s本科目不计成绩				
合　计					100			

考评员：　　　　记录员：　　　　复核人：

高级技师

附表五　考核要素及技能要求(高级技师)

考核范围	考核内容	考核比重	技能要求	备　注
消防准备	1. 计算机操作； 2. 机械制图	20%	1. 掌握计算机基础操作知识； 2. 掌握 Windows 基本操作和应用； 3. 掌握 Word 文字录入、排版、编辑； 4. 掌握 Excel 表格制作和基础数据处理； 5. 掌握 CAD 绘图软件、Photoshop 图片处理工具和 Power Point(PPT)制作	
基础操作	1. 编制灭火救援应急预案； 2. 典型火灾事故案例分析； 3. 固定消防设施原理	45%	1. 掌握灭火救援应急预案编制要素，明确预案编制目的、依据、组织机构、响应程序、保障措施； 2. 掌握突发事件响应程序，能够组织开展危险源辨识和风险分析； 3. 掌握火场计算方法，能够正确调集和部署现场灭火力量； 4. 掌握制图方法，能够制定单位平面图、道路交通图、力量部署图和水源分布图； 5. 掌握火灾事故案例分析方法、步骤； 6. 能够运用 Power Point(PPT)制作火灾事故案例分析材料； 7. 能够根据事故案例，汲取事故教训，总结安全生产经验； 8. 掌握各类固定消防设施工作原理； 9. 掌握各类固定消防设施系统构成及分类； 10. 掌握各类固定消防设施设置要求和适用范围	
过程操作	1. 特种消防车原理及操作； 2. 组织多种灭火力量和技术装备实施火灾扑救综合演练	35%	1. 掌握特种消防车工作原理、技术参数、安全操作规程，能够正确操作车辆泵浦，排除常见故障； 2. 掌握特种消防车工作要求，正确判断现场风向、风速和周边各类因素，选择车辆作业环境； 3. 掌握各类火灾扑救战术方法，能够制定合理的作战方案； 4. 掌握辖区周边应急资源，能够有序调动参应急装备、人员参与演练； 5. 掌握突发事件应急处置程序，能够合理部署现场灭火救援力量； 6. 掌握现场安全风险，能够有序组织多种力量开展火场侦查、火灾扑救、紧急避险； 7. 掌握战评方法，能够对演练进行有效分析和评估，持续改进和完善应急预案	

五十九、计算机操作

1. 考核要求

(1) 计算机基础操作知识。
(2) 掌握 Windows 的基本操作和应用。
(3) 熟练掌握文字处理的基本操作和应用。
(4) 熟练掌握表格制作和应用。
(5) 其他常用软件的操作。

2. 准备要求

(1)工具、器材准备:

名　称	规　格	数　量	备　注
计算机		1台	

(2) 场地准备:
根据参考人员数量准备相应考场。

3. 操作程序说明

(1)准备工作。
(2) Word 文字录入、排版、编辑。
(3) Excel 表格制作及数据处理。
(4) 其他软件操作。

4. 考试规定说明

(1) 计算机上机操作。
(2) 考核采用百分制, 考核项目得分按鉴定比重进行折算。
(3) 考核方式为实操考评, 考题由考核组提供。
(4) 本科目主要检验操作人员对计算机操作的熟练程度。

5. 考核时限

(1) 准备时间: 按要求提前进入考场。
(2) 操作时间: 90min。
(3) 提前完成不加分, 到时停止操作。

6. 评分记录表

计算机操作评分记录表

考评日期：　　　　　　考核人员：　　　　　　操作用时：

序号	考核内容	操作规程	评分标准	配分	扣分	得分	备注
1	准备工作	启动计算机，检查是否符合操作要求	操作过程中鼠标、键盘等出现故障可举手要求更换				
2	Word文字处理	1. 创建文档文件夹； 2. 文字录入； 3. 文字格式处理； 4. 段落格式调整； 5. 页面格式设置； 6. 文字、图片排版； 7. 特殊文本处理	1. 文件夹名错一个扣1分； 2. 新建文件错一个扣1分； 3. 文件的复制移动操作错一个扣1分； 4. 字体错扣1分、字号错扣1分、每错一字扣0.5分、每漏一字扣0.5分、每错、漏一字符或标点、符号扣0.25分； 5. 每错一个格式扣1分、文件保存位置错扣2分、文件名错扣2分	40			
3	表格处理	1. 工作表的创建； 2. 数据录入； 3. 特殊符号的应用； 4. 常用函数操作； 5. 计算应用； 6. 编辑和排版； 7. 特殊要求的处理	1. 新建工作表未命名扣2分； 2. 字号错扣1分、字体错扣1分、格式错扣1分，每错、漏一字扣0.5分、输入数字错每处扣0.5分、每少输1字扣0.5分； 3. 函数使用错一次扣2分； 4. 计算格式错扣2分； 5. 未按要求编辑、排版每错一处扣4分； 6. 文件的保存位置错扣2分； 7. 文件名错扣2分	40			
4	其他应用软件的操作	1. CAD绘图软件的基础操作； 2. Photoshop图片处理工具操作； 3. Power Point(PPT)制作； 4. 应急预案制作	1. 新建PPT未命名扣2分； 2. 未按要求操作软件扣15分； 3. 文件的保存位置错扣1分； 4. 文件名错扣2分	20			
5	文明操作	遵守考场纪律	严重违规取消考试资格				
6	操作时间	90min	超时停止操作				
合　计				100			

考评员：　　　　　　记录员：　　　　　　复核人：

六十、机械制图操作

1. 考核安全要求

(1) 根据给定的轴测图绘制零件图。
(2) 按照最新国家标准，绘制标准视图，标注尺寸与公差，标注表面粗糙度。
(3) 编写标题栏、技术要求。
(4) 机械制图用 CAD 软件操作则按国家标准评分。

2. 准备要求

个人防护用品与工具、器材准备：

序　号	名　称	规　格	数　量	备　注
1	三角板		1 副	自带
2	塑料板尺(丁字尺)		1 副	自带
3	圆规		1 个	自带
4	计算器		1 个	自带
5	橡皮		1 块	自带
6	铅笔		若干	自带
7	草图纸		2 张	提供
8	A3 绘图纸		1 张	提供
9	3 号绘图板(无标记)		1 张	自带

3. 操作程序说明

(1) 准备器材。
(2) 按要求标准绘图。
(3) 清理考场。

4. 考核规定说明

(1) 违章操作，停止考核。
(2) 考核采用百分制，考核项目得分按鉴定比重进行折算。
(3) 考核方式为实操考评。
(4) 本科目主要检验操作人员对机械制图的熟练程度。

5. 考核时限

(1) 准备时间：3min(不计入考核时间)。

(2) 操作时间：90min。

(3) 提前完成不加分，超时停止操作。

6. 评分记录表

机械制图操作评分记录表

考评日期： 考核人员： 操作用时：

序号	考核内容	操作规程	评分要素	评分标准	配分	扣分	得分	备注
1	准备工作	提前准备好绘图工具，纸张统一提供		绘图板有标记取消考试资格				
2	一般要求	1. 图框格式符合国家标准、图片大小与零件匹配； 2. 对字体(数字、汉字、字母)符合国家标准要求； 3. 图线线形符合国家标准要求； 4. 图线绘制光滑、均匀，图面整洁，布局合理； 5. 零件名称、绘图比例、零件材料、绘图日期、零件数量标注符合规范	国家标准	一项不符合扣0.5分	15			
				1. 数字每一个不符合要求扣0.5分； 2. 汉字每一个不符合要求扣0.5分				
				有一处不符合要求扣0.5分				
				每一处不符合要求扣0.5分				
				有一处不符合要求该项不得分				
3	零件形状表达	1. 主视图选择正确； 2. 图样画法符合国家标准； 3. 零件结构表达明确完整、清楚； 4. 其他视图的选择合理、简洁； 5. 零件上的螺纹、键槽、销、沉孔、中心孔、滚花、倒角、退刀槽、拔模斜度、铸造斜角、铸造圆角等结构画法符合国家标准	绘图技术	主视图选择错误该项不得分	50			
				1. 每一处表达不完整扣2分； 2. 每一处表达不清楚扣3分(有看不见的孔没有剖开等)				
				1. 每违反《国家标准》(图样画法)一处扣2分； 2. 投影关系每错误一处扣2分				
				每多一个视图扣3分				
				根据零件实际的多少分配分数				
4	尺寸标注	1. 长、宽、高三个方向基准选择正确； 2. 主要基准、辅助基准选择合理； 3. 不能出现漏标、多标； 4. 尺寸数值、注法正确； 5. 尺寸标注清晰，方便看图	标注要求	1. 一个方向的基准不合理扣2分； 2. 基准与辅助基准没有联系尺寸扣2分	21			
				每漏标、多标一处扣1.5分				
				1. 数值每错一处扣1分； 2. 注法每错一处扣1分				
				每一个不符合要求扣0.5分				

续表

序号	考核内容	操作规程	评分要素	评分标准	配分	扣分	得分	备注
5	技术要求	1. 零件表面粗糙度分级正确、符号画法正确、标注方法正确； 2. 尺寸公差选择合理、标注正确； 3. 形位公差选择合理、标注正确	国家标准	1. 分级错误扣 3 分； 2. 符号画法每错一处扣 1 分； 3. 标注错误一处扣 1 分	14			
				1. 选择不合理扣 2 分； 2. 公差值的选择及标注方法不合理每一处扣 0.5 分				
				1. 选择不合理扣 2 分； 2. 公差值的选择及标注方法不合理每一处扣 0.5 分				
				选择不当该项不得分				
6	文明操作	按要求遵守纪律、服从安排		严重违规取消考试资格				
7	考核时限	90min		到时停止操作				
合　计					100			

考评员：　　　　记录员：　　　　复核人：

六十一、编制灭火救援应急预案

1. 考核要求

(1) 编制目的。
(2) 风险辨识与分析。
(3) 组织机构的成立与分工。
(4) 应急响应及处置程序。
(5) 相关应急资源。
(6) 灭火救援流程。

2. 准备要求

个人防护用品与工具、器材准备：

序　号	名　称	规　格	数　量	备　注
1	三角板		1副	自带
2	塑料板尺(丁字尺)		1副	自带
3	圆规		1个	自带
4	计算器		1个	自带
5	橡皮		1块	自带
6	铅笔		若干	自带
7	草图纸		5张	提供
8	A3绘图纸		2张	提供
9	计算机		1台	自带

3. 操作程序说明

(1) 准备工作。
(2) 接受工作任务。
(3) 搜集各类信息。
(4) 统计救援力量。
(5) 编制灭火应急预案。

4. 考试规定说明

(1) 需要的相关信息由考核组按命题提供，需要的电话号码如没有提供直接打

1888888888X，人员用 123 的顺序，车辆用 PM0. 2. 4 的顺序画出，SG1. 3. 5 的顺序，高喷用 GP0. 2. 4 的顺序，涡喷用 WP0. 2. 4 的顺序标出即可。

（2）若直接用计算机制作预案则不需准备画图工具，提前通知。

（3）考核采用百分制，考核项目得分按鉴定比重进行折算。

（4）考核方式为综合考评，考题由考核组提供。

（5）本科目主要检验操作人员对计算机基础操作及灭火救援应急预案编制的熟练程度。

5. 考核时限

（1）准备时间：5min（不计入考核时间）。

（2）操作时间：60min。

（3）提前完成不加分，超时停止操作。

6. 评分记录表

编制灭火救援应急预案评分记录表

考评日期： 考核人员： 操作用时：

序号	考核内容	操作规程	评分要素	评分标准	配分	扣分	得分	备注
1	总则	编制目的、依据	内容完整	1. 目的不明确扣 2 分； 2. 未列明编辑依据扣 3 分	5			
2	危险分析	危险源辨识与风险分析	分析能力	1. 危险源辩识不清扣 2 分； 2. 事故范围及后果阐述不清扣 3 分	5			
3	组织机构	设置组织机构并分工	合理安排	1. 未设置组织机构扣 2 分； 2. 未列职责扣 3 分	5			
4	应急响应	信息接报	处置流程	1. 未明确本单位 24 小时应急值班电话、信息处置程序扣 2 分； 2. 未明确向事故相关单位通告报警内容扣 1 分； 3. 未明确增援队伍的联系方式和内容扣 2 分	5			
		力量调集	合理调集	1. 未明确第一出动力量扣 3 分； 2. 增援力量调配不合理扣 2 分	5			
		险情侦查	侦查内容	1. 未明确现场对接内容扣 5 分； 2. 未明确险情侦查方式扣 5 分	10			
		力量部署：指挥位置及灭火车辆队伍行动路线；战斗小组的疏散路线，相邻装备的冷却保护力量，灭火剂供给	部署合理供给方式	1. 未成立指挥部或设置不合理扣 5 分； 2. 进攻路线和战斗位置选择不合理扣 5 分； 3. 作战任务不明确扣 5 分； 4. 主战车辆不明确扣 5 分； 5. 未表述消防水源扣 5 分； 6. 未明确灭火剂供给方式扣 5 分； 7. 未明确注意事项扣 5 分	35			
		火场计算	计算方法	计算错误扣 5 分	10			

续表

序号	考核内容	操作规程	评分要素	评分标准	配分	扣分	得分	备注
5	应急终止	应急终止条件	条件明确	1. 未明确现场控制情况扣3分； 2. 未明确隐患消除情况扣2分	5			
6	保障措施	明确各类应急资源组织机构和联络方式	建立明细	1. 未建立应急装备清单扣5分； 2. 未建立应急资源联络表扣5分	10			
7	附件	单位平面图、交通道路图、力量部署图、水源分布图	图表制作	1. 缺少一幅图扣2分； 2. 图表制作不符合规范扣3分	5			
8	文明操作	服从管理，遵守纪律		严重违规取消考试资格				
9	考核时限	60min		到时停止操作				
合计					100			

考评员：　　　　　　　　　　　　记录员：　　　　　　　　　　　　复核人：

六十二、典型火灾事故案例分析

1. 考核要求

（1）典型火灾事故案例收集。
（2）针对一起火灾事故案例，制作分析材料(PPT)。

2. 准备要求

个人防护用品与工具、器材准备：

序　号	名　称	规　格	数　量	备　注
1	笔记本		1本	自带
2	圆珠笔(钢笔)		1支	自带
3	战术板		1个	提供
4	板笔		1套	提供
5	战术板刷子		1块	提供
6	放映器材		1套	提供
7	会议室		1个	

3. 操作程序说明

（1）准备工作。
（2）接收工作任务。
（3）搜集整理信息。
（4）制作汇报材料。
（5）考核。

4. 考试规定说明

（1）考核组针对某一起火灾进行命题，考生制作分析资料进行汇报。
（2）若直接用计算机制作，则不需准备画图工具，提前通知。
（3）考核采用百分制，考核项目得分按鉴定比重进行折算。
（4）考核方式为综合考评，考题由考核组提供。
（5）本科目主要检验操作人员对计算机基础操作及组织典型事故案例分析的能力。

5. 考核时限

（1）准备时间：5min(不计入考核时间)。

（2）操作时间：20min。

（3）提前完成不加分，超时停止操作。

6. 评分记录表

典型火灾事故案例分析评分记录表

考评日期： 考核人员： 操作用时：

<table>
<tr><th>序号</th><th>考核内容</th><th>重点工作</th><th>评分要素</th><th>评分标准</th><th>配分</th><th>扣分</th><th>得分</th><th>备注</th></tr>
<tr><td>1</td><td>准备工作</td><td>接到通知提前做好准备，按时参加考试</td><td>内容完整</td><td>1. 未完成课件制作扣5分；
2. PPT格式不符合要求扣5分</td><td>10</td><td></td><td></td><td></td></tr>
<tr><td>2</td><td>自我介绍</td><td>PPT打开后，脱稿用1min时间做自我介绍后直接开始</td><td>表达能力</td><td>1. PPT中出现自我介绍内容扣3分；
2. 自我介绍不清楚扣2分</td><td>5</td><td></td><td></td><td></td></tr>
<tr><td rowspan="6">3</td><td rowspan="2">案例介绍</td><td>事件背景介绍</td><td>阐述事故</td><td>1. 事故时间、地点、火灾类型不明确扣4分；
2. 现场处置情况阐述不清扣4分；
3. 现场损失情况阐述不清扣2分</td><td>10</td><td></td><td></td><td></td></tr>
<tr><td>处置过程介绍</td><td>逻辑能力</td><td>1. 未明确前期处置力量扣2分；
2. 未明确专业力量出动情况扣2分；
3. 未明确现场处置过程扣10分；
4. 未明确处置结果扣1分</td><td>15</td><td></td><td></td><td></td></tr>
<tr><td rowspan="4">案例分析</td><td>发生事故的原因（调查组定性的火灾案例）</td><td rowspan="4">综合能力</td><td rowspan="4">1. 现场处置方式分析不当扣5分；
2. 对事故发生的原因分析不合理扣10分；
3. 未总结出经验扣10分；
4. 未明确汲取的教训扣15分；
5. 案例分析内容全文抄袭本项不得分</td><td rowspan="4">40</td><td rowspan="4"></td><td rowspan="4"></td><td rowspan="4"></td></tr>
<tr><td>处置方式</td></tr>
<tr><td>总结经验（制度管理、安全管理、岗位操作等方面自由选择）</td></tr>
<tr><td>汲取教训（针对本岗位或本单位生产管理过程中存在的或可能发生的同类型事故提出好的预防性措施、建议或意见）</td></tr>
<tr><td>4</td><td>归纳总结</td><td>总结好的方法，提炼出适合自己岗位的最少一条建议</td><td>总结能力</td><td>1. 未针对本岗位安全管理对比总结扣10分；
2. 无合理化建议或意见扣10分</td><td>20</td><td></td><td></td><td></td></tr>
<tr><td>5</td><td>文明操作</td><td colspan="2">案例要真实存在，不允许出现违法内容和不当言论</td><td>严重违规取消考试资格</td><td></td><td></td><td></td><td></td></tr>
<tr><td>6</td><td>考核时限</td><td colspan="2">20min</td><td>到时停止操作</td><td></td><td></td><td></td><td></td></tr>
<tr><td colspan="5">合　计</td><td>100</td><td></td><td></td><td></td></tr>
</table>

考评员： 记录员： 复核人：

六十三、固定消防设施原理

1. 考核要求

(1) 掌握各类消防设施工作原理。
(2) 掌握固定消防设施系统构成及分类。
(3) 掌握固定消防设施设置要求和适用范围。

2. 准备要求

笔记本 1 台、投影仪 1 台、参考人员自带答题笔。

3. 考核程序说明

(1) 准备工作。
(2) 参考人员根据抽选试题进行限时答题。
(3) 答题完毕，参考人员举手示意。

4. 考核规定说明

(1) 违章操作，停止考核。
(2) 考核采用百分制，考核项目得分按鉴定比重进行折算。
(3) 考核方式为笔试，考题由考核组提供。
(4) 本科目主要检验操作人员对固定消防设施原理的掌握熟练程度。

5. 考核时限

(1) 准备时间：60s(不计入考核时间)。
(2) 操作时间：30min。
(3) 提前完成操作不加分，超时停止答题。

6. 评分记录表

固定消防设施原理评分记录表

考评日期： 考核人员： 操作用时：

序号	考核内容	项目	评分要素	评分标准	配分	扣分	得分	备注
1	可燃气体探测报警系统	系统工作原理	1. 发生可燃气体泄漏； 2. 可燃气体探测器报警； 3. 可燃气体报警控制器； 4. 显示报警探测器部位和浓缩信息； 5. 启动声光警报装置； 6. 关断燃气阀门	缺一项扣1分	6			
		可燃气体探测器设置要求	1. 探测气体密度小于空气密度的可燃气体，探测器应设置在被保护空间的顶部； 2. 大于空气密度的，应设置在被保护空间的下部； 3. 密度相当时，可设置在中部或顶部(垂直位置)； 4. 设置在可能产生可燃气体的部位附近； 5. 点型可燃气体探测器的保护半径应符合《石油化工可燃气体和有毒气体检测报警设施规范》规定； 6. 线型可燃气体探测器的保护区域长度不宜大于60m(水平位置)	缺一项扣1分	6			
2	消防给水系统	系统构成	1. 消防水源[市政管网、消防水池(罐)、天然水源等]； 2. 供水设施设备(消防水泵、稳压设施、水泵接合器、高位水箱等)； 3. 给水管网、阀门附件等	缺一项扣2分	6			
		离心泵的工作原理	1. 离心泵工作时依靠高速旋转的叶轮，液体在惯性离心力作用下获得能量以提高压强； 2. 离心泵在工作前，泵体和进口管线必须灌满液体介质，防止汽蚀现象发生； 3. 当叶轮快速转动时，叶片促使介质很快旋转，旋转着的介质在离心力的作用下从叶轮中飞出，泵内的水被抛出后，叶轮的中心部分形成真空区域； 4. 一面不断吸入液体，另一面又不断地给予吸入的液体一定的能量，将液体排出，离心泵便如此持续不断地工作	缺一项扣1分	4			
		汽蚀的定义	1. 离心泵启动时，若泵内存在空气，由于空气的密度很低，旋转后产生的离心力很小，因而叶轮中心区所形成的低压不足以将液体低于泵进口的液体吸入泵内，不能输送流体的现象； 2. 离心泵启动前，一定要向泵壳内充满液体后方可启动，否则将造成泵体发热、震动，出液量减少，对水泵造成损坏，造成设备事故	缺一项扣2分	4			
		水泵接合器作用	供火灾时消防车从室外取水，通过水泵接合器将水送到室内消防给水管网	表述不清该项不计成绩	5			

续表

序号	考核内容	项目	评分要素	评分标准	配分	扣分	得分	备注
3	消火栓系统	室内消火栓设置要求	1. 应采用 *DN*65 室内消火栓，并可与消防软管卷盘或轻便水龙设置在同一箱体内； 2. 应配置 *DN*65 有衬里的消防水带，长度不宜超过 25m； 3. 配置当量喷嘴直径 16mm 或 19mm 消防水枪	缺一项扣 2 分	6			
4	自动喷水灭火系统	雨淋系统的定义和组成	1. 定义：由开式洒水喷头、雨淋报警阀组等组成，发生火灾时，由火灾自动报警系统或传动管控制，自动开启雨淋报警阀组和启动消防水泵，用于灭火的开式系统； 2. 组成：供水设施、开式喷头、雨淋阀组、水流报警装置、供水与配水管道等	1. 定义表述不清扣 3 分； 2. 系统组成缺一项扣 0.5 分	6			
5	水喷雾灭火系统	适用范围	水喷雾灭火系统可用于扑救固体物质火灾、丙类液体火灾、饮料酒火灾和电气火灾，并可用于可燃气体和甲、乙、丙类液体的生产、储存或装卸设施的防护冷却	表述不清该项不计成绩	7			
6	气体灭火系统	二氧化碳气体灭火系统分类	按应用方式可分为全淹没灭火系统和局部应用灭火系统	表述不清该项不计成绩	7			
7	干粉灭火系统	驱动气体储存方式	1. 储气式：将驱动气体（氮气或二氧化碳气体）单独储存在储气瓶中； 2. 储压式：将驱动气体与干粉同储于容器中； 3. 燃气式：驱动气体不采用压缩气体，火灾时点燃燃气发生器内的固体燃料，通过燃烧生成的燃气压力驱动干粉喷射	缺一项扣 2 分	6			
8	泡沫灭火系统	按喷射方式分类	1. 液上喷射：泡沫从液面上喷入被保护储罐内的灭火系统； 2. 液下喷射：泡沫从液面下喷入被保护储罐内的灭火系统，泡沫在注入液体燃烧层下部之后，上升至液面表面并扩散开，形成一个一个泡沫层的灭火系统； 3. 半液下喷射：泡沫从储罐底部注入，并通过软管浮升到液体燃料表面进行灭火的灭火系统	缺一项扣 3 分	9			
		泡沫比例混合器分类	1. 环泵式泡沫比例混合器； 2. 压力式泡沫比例混合器； 3. 平衡式泡沫比例混合器； 4. 管线式泡沫比例混合器	缺一项扣 2 分	8			
		储罐液上喷射系统泡沫混合液管道设置	1. 每个泡沫产生器应用独立的混合液管道引至防火堤外； 2. 除立管外，其他泡沫混合液管道不得设置在罐壁上； 3. 连接泡沫产生器的泡沫混合液立管应用管卡固定在罐壁上，管卡间距不应大于 3m； 4. 泡沫混合液的立管下端应设置锈渣清扫口	缺一项扣 2 分	8			

续表

序号	考核内容	项目	评分要素	评分标准	配分	扣分	得分	备注
9	建筑灭火器	灭火器的选择	1. 灭火器配置场所的火灾种类； 2. 灭火器配置场所的危险等级； 3. 灭火器的灭火效能和通用性； 4. 灭火器对保护物的污染程度； 5. 灭火器设置点的环境温度； 6. 使用灭火器人员的体能	缺一项扣1分	6			
		干粉灭火器灭火机理	1. 使燃烧的链反应中断； 2. 窒息灭火； 3. 部分稀氧和冷却作用	缺一项扣2分	6			
10	安全文明操作	按国家或企业颁发有关安全规定执行操作		每违反一项规定从总分中扣10分，严重违规取消考试资格				
11	考核时限	30min		超过30min该科目不计成绩				
合计					100			

考评员：　　　　记录员：　　　　复核人：

六十四、特种消防车原理及操作

1. 考核安全要求

（1）必须穿戴个人防护用品。
（2）选择符合要求的场地。
（3）做好安全检查和自我防护交底。
（4）人员和设备、器材符合安全要求。
（5）爱护器材，严格按照操作规程操作。

2. 准备要求

个人防护用品与工具、器材准备：

序　号	名　称	规　格	数　量	备　注
1	涡喷车		1 台	
2	高喷车		1 台	
3	消防头盔		1 顶	
4	消防安全带		1 条	

3. 考核程序说明

（1）准备工具。
（2）参考人员根据现场考核组指令进行口述答题或操作。
（3）答题或操作完毕，参考人员举手示意。

4. 考核规定说明

（1）违章操作，停止考核。
（2）考核采用百分制，考核项目得分按鉴定比重进行折算。
（3）考核方式为现场提问和实操考评。
（4）本科目主要检验操作人员对特种消防车原理及操作的熟练程度。

5. 考核时限

（1）准备时间：60s（不计入考核时间）。
（2）操作时间：30min。
（3）提前完成操作不加分，超时停止操作。

6. 评分记录表

特种消防车原理及操作评分记录表

考评日期： 考核人员： 操作用时：

序号	考核内容	项目	评分要素	评分标准	配分	扣分	得分	备注
1	涡喷消防车（MX5250 GXFP M50 WP5 型）	灭火原理	1. 涡喷消防车以歼 5 战斗机涡喷发动机为主动力，在发动机工作时，空气进入压气机，在其中受离心力的作用经压缩后的空气进入燃烧室； 2. 当燃油经工作喷嘴喷入燃烧室内的火焰筒中时，与进入燃烧室内的部分压缩空气混合并燃烧； 3. 其余压缩空气沿火焰筒侧壁的进气孔进入火焰筒内，以进行补充燃烧，并与燃气混合，降低燃烧气温度； 4. 燃烧后的高温高压气体高速冲击涡轮叶片，将灭火剂撞击成雾状颗粒，以巨大动能，远距离、高强度、大范围的喷射直接灭火	缺一项扣 1 分	4			
		发动机停车	1. 点动减油门，当涡喷发动机转速降到 5000r/min，冷机 1~2min，并调低喷射筒； 2. 继续点动减油门，直至油门开关完全关闭，观察排气温度表温度指示； 3. 当温度开始回升时，关闭启动停机电门，发动机停车； 4. 检查发动机的惯性，时间不少于 90s； 5. 等到发动机完全停止后放余水，喷射筒回位	未按操作规程顺序操作每项扣 2 分	10			
		泵浦操作	1. 发动消防车，依次打开电源开关、气源开关； 2. 踩下离合器，挂取力器； 3. 打开引水开关，打开后进水开关（如需车载炮出水则打开车载炮出水开关）； 4. 打开出水球阀，根据前方需要掌握压力大小； 5. 如需出泡沫，打开泡沫引射开关	未按操作规程顺序操作每项扣 2 分	10			
		设备参数	1. 消防水泵为中置式，中压额定压力在 1.0MPa 时，流量为 100L/s；高压额定压力在 1.72MPa 时，流量为 50L/s； 2. 活塞式真空泵最大真空度 85kPa，最大吸水深度 7m，引水时间 50s	表述不清该项不计成绩	5			
		故障排除，气缸垂直不能下降	1. 按下降键，P2-4 的电压应该为 0V，如电压为+12V，确定为控制器和控制器连接导线损坏； 2. 按下降键，P2-4 的电压为 0V，检查放气电磁阀两端是否有 12V 电压。如果有 12V 电压，确定为放气电磁阀损坏；如电压为 0V，需更换 XF966B1 印制板整件	未排除故障该项不计成绩	11			

续表

序号	考核内容	项目	评分要素	评分标准	配分	扣分	得分	备注
2	高喷消防车（GP32型）	下车操作	1. 按下车操作面板上的电源开关； 2. 将上、下车转换开关由中位转至下车； 3. 操作控制手柄完成支腿的伸展和收缩； 4. 下车操作完成后，将转换开关转至上车方向进行上车操作	未按操作规程顺序操作每项扣2分	8			
		上车操作	1. 下车支腿操作完成后，进入上车操纵台打开电源开关，踩下脚踏油门开关； 2. 操作右侧手柄前后方向进行变幅起落，左右方向进行折臂起落； 3. 操作左侧手柄前后方向进行臂架伸缩，左右方向进行左右回转； 4. 打开水炮电源开关，拨动操作面板上的按钮进行水炮的上升下降、左转右转、开花直流操作； 5. 操作完成后收回伸缩臂、折臂，按下屏幕上大臂定位图标，待大臂定位后控制变幅落回	未按操作规程顺序操作每项扣3分	15			
		泵浦出水灭火操作	1. 打开泵浦控制面板上的气源总阀、气源控制阀、电源开关、气源开关； 2. 接通驾驶室水泵取力器开关； 3. 打开水罐出水开关； 4. 打开水炮射水开关； 5. 操作油门开关控制出水压力	未按操作规程顺序操作每项扣1分	5			
		泵浦出泡沫灭火操作	1. 打开泵浦控制面板上的气源总阀、气源控制阀、电源开关、气源开关； 2. 接通驾驶室水泵取力器开关； 3. 打开水罐出水开关； 4. 打开泡沫自备开关、泡沫混合开关； 5. 打开水炮射水开关； 6. 操作泡沫比例混合器手柄，选择泡沫混合比例	未按操作规程顺序操作每项扣1分	6			
		结束作业	1. 把油门降至最低； 2. 关闭所有开关； 3. 断开水泵取力器	未按操作规程顺序操作每项扣2分	6			
		水罐吸水操作	1. 打开泵浦控制面板上的气源总阀、气源控制阀、电源开关、气源开关； 2. 接通驾驶室水泵取力器开关； 3. 打开引水手柄排除泵内空气； 4. 打开水罐注水开关； 5. 操作油门调节开关控制吸水压力	未按操作规程顺序操作每项扣2分	10			

续表

序号	考核内容	项目	评分要素	评分标准	配分	扣分	得分	备注
2	高喷消防车（GP32型）	液灌加注泡沫液操作（使用汽油机泡沫泵加注）	1. 取出吸液管连接泡沫泵，插入泡沫液桶内； 2. 用50消防水带连接泡沫泵出液口和消防车泵浦的外供泡沫接口； 3. 启动发电机并带动泡沫泵转动工作； 4. 加注泡沫液时，要关闭泡沫比例混合器； 5. 打开通向泡沫液灌的进液阀门	未按操作规程顺序操作每项扣2分	10			
3	安全文明操作	按国家或企业颁发有关安全规定执行操作		每违反一项规定从总分中扣10分，严重违规取消考试资格				
4	考核时限	30min		超过30min该科目不计成绩				
合　计					100			

考评员：　　　　记录员：　　　　复核人：

六十五、组织多种灭火力量和技术装备实施火灾扑救综合演练

1. 考核要求

（1）了解演练的目的。
（2）掌握联动力量的基本情况。
（3）熟练掌握火灾扑救的应急救援预案。
（4）根据现场情况，合理调派参战力量。
（5）合理布置火场供水力量。
（6）落实演练过程中的安全措施。

2. 准备工作

（1）参考人员在考核前预先抽选演练科目。
（2）根据科目选择演练场地。
（3）准备演练所需参战力量。

3. 操作程序说明

（1）演练准备阶段。
（2）落实演练安全阶段。
（3）演练实施阶段。
（4）战评阶段。

4. 考试规定说明

（1）现场考核。
（2）综合评价。
（3）考核方式为实操考评，考题由考核组提供。
（4）本科目主要检验操作人员的调度、指挥能力。

5. 考核时限

（1）准备时间：5min（不计入考核时间）。
（2）演练时间：根据演练实操情况，以考核组提供时间为限。

6. 评分记录表

组织多种灭火力量和技术装备实施火灾扑救综合演练评分记录表

考评日期： 考核人员： 操作用时：

序号	考核内容	操作规程	评分要素	评分标准	配分	扣分	得分	备注
1	准备工作	准备个人器材装备、指挥服、对讲机、消防头盔、袖标	指挥员着装	缺少一件扣1分	5			
2	力量分工	组织召开演练分析会 制定作战方案 各战斗队力量任务布置 明确主战车辆 明确供水力量 明确撤退路线 制定安全措施	指挥员对预案熟悉	1. 演练目的不明确扣3分； 2. 未制定作战方案扣5分； 3. 力量布置不合理扣5分； 4. 未明确供水力量扣3分； 5. 未明确撤退方式、信号扣5分； 6. 未落实安全措施扣4分	25			
3	实施演练	下达“开始”口令实施演练 按顺序指挥车辆、装备进入指定位置 车辆、装备到达指定位置，各战斗队向指挥员报告 确认现场灭火作战方案，向指挥部汇报 下达总攻指令 向指挥部汇报战斗情况，总攻结束 检查确认现场，有无明火或其他危险并汇报指挥部 演练终止	指挥员指挥能力及汇报程序	1. 口令下达错误一次扣10分； 2. 车辆、装备进场顺序混乱该项不计成绩； 3. 总攻前未再次确认力量布置扣5分； 4. 向指挥部汇报每少一次扣5分； 5. 未接到指挥部指令终止演练扣10分； 6. 战斗结束后未再次确认扣10分	40			
4	战评总结	组织参演力量到指定位置集合，整队报告 按讲评要求对演习情况进行讲评、总结 宣布演练结束 整理器材装备，有序撤离现场	战评总结的方式及重点内容	1. 未快速集合队伍整理报告扣5分； 2. 讲评内容缺一项扣5分； 3. 未安排撤离顺序和方式扣10分； 4. 演练中发生安全事故本项不得分	30			
5	安全文明操作	按国家或企业颁发有关安全规定执行操作		每违反一项规定从总分中扣10分，严重违规取消考试资格				
6	考核时限	以抽选科目完成时限为准						
合计					100			

考评员： 记录员： 复核人：